数学
人类智慧的源泉

挖掘人类潜能
的点睛石

RENLEIZHIHUIDEYUANQUAN

周阳 ◎ 编著

中国出版集团
现代出版社

图书在版编目（CIP）数据

挖掘人类潜能的点睛石／周阳编著．—北京：现代出版社，2012.12
（数学：人类智慧的源泉）
ISBN 978－7－5143－0921－8

Ⅰ.①挖… Ⅱ.①周… Ⅲ.①数学－青年读物②数学－少年读物 Ⅳ.①O1－49

中国版本图书馆 CIP 数据核字（2012）第 274977 号

挖掘人类潜能的点睛石

编　　著	周　阳
责任编辑	刘春荣
出版发行	现代出版社
地　　址	北京市安定门外安华里 504 号
邮政编码	100011
电　　话	010－64267325　010－64245264（兼传真）
网　　址	www.xdcbs.com
电子信箱	xiandai@cnpitc.com.cn
印　　刷	固安县云鼎印刷有限公司
开　　本	710mm×1000mm　1/16
印　　张	12
版　　次	2013 年 1 月第 1 版　2021 年 3 月第 3 次印刷
书　　号	ISBN 978－7－5143－0921－8
定　　价	36.00 元

版权所有，翻印必究；未经许可，不得转载

前 言

数学是一门起源于人类生产生活实践的古老学科,第一个被抽象化的数学概念大概是数字。原始人对诸如两个野果及两头野兽之间有某样相同事物的认知是人类思想的一大突破。除了认识到如何去数实际物质的数量,原始人也了解如何去数抽象物质的数量,如日、季节和年。正是这种看似幼稚的认知推进了数学的极大发展,在人类不断探索中,数学逐渐得到了发展和完善。时至今日,数学已是一门有着自己完整体系的现代化学科,如今不但物理学、化学、天文学、地理学、生物学、医学、工程学在用数学,甚至经济学、语言学也开始用到相当多的数学。

数学不代表枯燥无味,不代表味同嚼蜡,相反,它倒是一门有着极大趣味的学科,无论是在认知领域,还是在应用领域,数学都有着自己独特的趣味和魅力。以八卦的发明和应用为例,八卦是我国古代一套有象征意义的符号,8种卦形中每一卦形代表一定的事物,各种卦形互相搭配又得到64卦,用来象征各种自然现象和人事现象。神奇的是,八卦和二进位制却有着十分紧密的关系,追本溯源,二进位制的最终源头便是这神秘的八卦。

数字是神奇和饶有趣味的。完全数、亲和数、对称数、魔术数等都有着自身的特性和应用,1、2、3、4、5、6、7、8、9、0这些貌似平常的数字都不可小觑,它们或联合,或独立,或富有变化,或性质独特,构成了一个热闹的数字世界。我们现在的世界可以说就是一个数字世界,数字电视、数字电影、数字通讯、数字金融等等数字产品已经深深融入了我们的生产和生活中,我们的生活方式都要数字化了。

图形是数学中的一支奇葩，正方形的形式美，椭圆的变化美，圆的包容性……都给人以无限遐想。数学的趣味美，体现于它奇妙无穷的变幻，而这种无穷的变幻多半就体现在图形的变化上，各种变化多端的奇妙图形，赏心悦目；各种扑朔迷离的符形变幻，蕴意深刻。

此外，数学的趣味性还表现在数学游戏、数学故事等方面，数学真可以说是一个美丽多彩的大花园。

目 录

趣味十足的数学起源

实物计数时代 ………………………………………………… 1
进位制的革命 ………………………………………………… 4
算筹记数法 …………………………………………………… 9
阿拉伯人的功劳 ……………………………………………… 12
整数的诞生 …………………………………………………… 14
神奇的八卦 …………………………………………………… 17
奇妙的幻方 …………………………………………………… 20
珠算的发明 …………………………………………………… 23
尖锥术的发明 ………………………………………………… 28
勾股定理的问世 ……………………………………………… 31
无理数的诞生 ………………………………………………… 34
测量长度以人体为基准 ……………………………………… 38
平面直角坐标系的创建 ……………………………………… 41
手摇计算器曲折问世 ………………………………………… 44
常用数学符号的起源、发展 ………………………………… 47

趣味盎然的数学算题

算算天有多高 …… 55
千奇百怪的数 …… 57
数学格言算题 …… 66
裁纸中的计算题 …… 67
规律数字算题 …… 69
趣味填数 …… 74
填符号得等式 …… 78
整除运算的奥妙 …… 82
马拉松式的计算 …… 85
根据树龄算地震年代 …… 88
质因数与数字密码设置 …… 90

奇趣多变的数学图形

完全正方形 …… 94
拼出美丽图案 …… 98
美丽的曲线——椭圆 …… 101
美妙的对称 …… 104
精巧的蜂房 …… 105
神奇的圆状体 …… 108
大海里的生命形式 …… 111

妙趣横生的数学游戏

《西游记》里倒数诗 …… 114

七巧板游戏 …………………………………… 116

猜数游戏 ……………………………………… 119

"三件套"游戏 ………………………………… 122

摸球游戏 ……………………………………… 125

生动有趣的数学故事

数字入诗 ……………………………………… 129

数字入联 ……………………………………… 133

数学谜语 ……………………………………… 136

曹冲称象 ……………………………………… 140

韩信点兵 ……………………………………… 142

狄青的花招 …………………………………… 146

丢番图的墓志铭 ……………………………… 148

日神提出的难题 ……………………………… 150

走进梦境里的数学家 ………………………… 153

别开生面的数学竞赛 ………………………… 155

欧拉智改羊圈 ………………………………… 158

欧拉"走"七桥 ……………………………… 161

破解哥德巴赫猜想 …………………………… 163

爱迪生巧算灯泡 ……………………………… 169

总共有多少兔子 ……………………………… 172

"天然居"算式 ……………………………… 175

教徒的陷阱 …………………………………… 177

一场关于乐谱的争论 ………………………… 181

趣味十足的数学起源

数学是一门古老的学科，有着极其悠久的历史，最初起源于人们的生产生活实践，带有很强的时代烙印，比如，原始人用生活中的小木棍、小石头、竹片，捕获猎物的兽骨，捡拾的贝壳来表示数目。在此实物记数的基础上，我国先人发明了算筹计数法，算筹记数法严格遵循我国另一伟大的发明——十进位制记数法。再说说进位制，进位制法有十进位制、八进位制、十二进位制，还有六十进位制和二进位制等等，很有意思吧？实际上，数学不是枯燥无味的，而是一个非常有趣味的学科，许多人都十分愿意徜徉在数学的海洋中，并乐此不疲。

实物计数时代

为了表示数目，人类的祖先在摸索中逐渐学会了用实物来表现，如小木棍、竹片、树枝、贝壳、骨头之类。但是很快就发现这些东西容易散乱，不易保存，这样，人们自然会想到用结绳的办法来记数。

结绳（相当于今天的符号）记数在我国最早的一部古书《周易·系辞下》（约公元前11世纪成书）有"上古结绳而治，后世圣人，易之以书契"的记载（意思是说上古时人们用绳打结记数或记事，后来读书人才用符号记数去代替它）。这就是说，古代人最早记数用绳打结的方法，后来又发明了刻痕代替结绳。"书契"是在木、竹片或在骨上刻画某种符号。"契"字左边的"丰"是木棒上所划的痕迹，右边的"刀"是刻痕迹的工具。《史通》称"伏羲始画八卦，造书契，以代结绳之政"。"事大，大结其绳；事小，小结其绳。结之多少，随物众寡"。

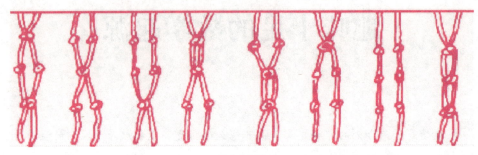

结绳计数

结绳记数在世界各地从古墓挖出的遗物中得到了验证。如南美洲古代有一个印加帝国，建立于11世纪，15世纪全盛时期其领域包括现在的玻利维亚、厄瓜多尔、秘鲁，以及阿根廷、哥伦比亚和智利的部分领土。16世纪西班牙殖民者初到南美洲，看到这个国家广泛使用结绳来记数和计数。他们用较细的绳子系在较粗的绳上，有时用不同颜色的绳子表示不同的事物。结好的绳子有一个专名叫"基普"。

南美印加人的结绳方法是在一条较粗的绳子上拴很多涂不同颜色的细绳，再在细绳上打不同的结，根据绳的颜色，结的位置和大小，代表不同事物的数目。

印加时代的基普还保留到今天，这些结绳制度在秘鲁高原一直盛行到19世纪。琉球群岛的某些小岛，如首里、八重山列岛等至今还没有放弃这种结绳记数的古老方法。

在结绳记数所用原料上面，各地有所不同，有的用麻，有的用草，还有的用羊毛。

但结绳有一定的弊端，一不方便，二不易长期保存，后世的人采用在实物（石、木、竹、骨等）上刻痕以代替结绳记数。现在已发现的最早的刻痕记数是于1937年在捷克斯洛伐克的摩拉维亚洞穴中出土的一根约3万年前的狼桡骨，上面刻有55道刻痕，估计是记录猎物的数目，这也是世界上发现最古老的人工刻划记数实物。

在我国北京山顶洞发现了一万多年前带有磨刻符号的 4 个骨管。我国云南的佤族 1949 年前后还在使用刻竹记事。

在非洲中南部的乌干达和扎伊尔交界处的爱德华湖畔的伊尚戈渔村挖出的一根骨头，被确认为公元前 8500 年的遗物，骨上的刻痕表示数目。考古学家惊讶地发现，骨的右侧的纹数是 11，13，17，19，正好是 10~20 的 4 个素数（其和为 60，恰是两个月的日数，也许与月亮有关。同时可断定古人已有素数的概念，这是不可思议的）；左侧是 11，21，19，9（其和也为 60）相当于 10+1，20+1，20-1，10-1。这根骨刻现藏于比利时布鲁塞尔自然博物馆。但纹数之谜尚待进一步揭开。

刻痕的进一步发展，就形成了古老的记数符号——数字，随着记载数目的增大各种进位制也随之出现。

《史　通》

《史通》是我国及全世界首部系统性的史学理论专著，成书于唐朝，作者为唐朝人刘知几。《史通》包括的范围十分广泛，基本上可以概括为史学理论和史学批评两大类。史学理论指有关史学体例、编纂方法以及史官制度的论述；史学批评包括评论史事、研讨史籍得失、考订史事正误异同等。《史通》拥有极高的史学地位，对后世影响深远。

延伸阅读

古巴比伦的泥版数字

19 世纪前期，人们在亚洲西部伊拉克境内发现了 50 万块泥版，上面密密麻麻地刻有奇怪的符号，这些符号是古巴比伦人的"楔形文字"。科学家们经过研究，发现泥版上记载了大量的数学知识。

古巴比伦人用"▼"表示1，用"＜"表示10，从1到9是把"▼"写相应的次数。从10到50是把"＜"和"▼"结合起来写相应的次数。他们还根据人有10个指头，一年月亮12次圆缺而产生了十进制和六十进制的想法。如现在的1小时＝60分钟，1分＝60秒就是源于古巴比伦人的六十进制。从那些泥版上，人们还发现巴比伦人掌握了许多计算方法，并且编成了各种表帮助计算，如乘法表、倒数表、平方和立方表、平方根和立方根表。他们还运用了代数的概念。

古巴比伦人也具备了初步的几何知识。他们会把不规则形状的田地分割为长方形、三角形和梯形来计算面积，也能计算简单的体积。他们非常熟悉圆周方法，求出圆周与直径的比π＝3，还使用了勾股定理。

他们的成就对后来数学的发展产生了巨大的影响。

进位制的革命

十进位制

我们每个人都有两只手，十个手指，除了残疾人与畸形者。那么，手指与数学有什么关系呢？

手指是人类最方便、也是最古老的计数器。

让我们再穿过"时间隧道"回到几万年前吧，一群原始人正在向一群野兽发动大规模的围猎。只见石制箭镞与石制投枪呼啸着在林中掠过，石斧上下翻飞，被击中的野兽在哀嚎，尚未倒下的野兽则狼奔豕突，拼命奔逃。这场战斗一直延续到黄昏。晚上，原始人在他们栖身的石洞前点燃了篝火，他们围着篝火一面唱一面跳，欢庆着胜利，同时把白天捕杀的野兽抬到火堆边点数。他们是怎么点数的呢？就用他们的"随身计数器"吧。一个，两个……，每个野兽对应着一根手指。等到10个手指用完，怎么办呢？先把数过的10个放成一堆，拿一根绳，在绳上打一个结，表示"手指这么多野兽"（即10只野兽）。再从头数起，又数了10只野兽，堆成了第二堆，再在绳上打个结。这天，他们的收获太丰盛了，一个结，两个结……，很快就数到手指一样多的结了。于是换第二根绳继续数下去。假定第二根绳上打了3个结后，野兽只剩下6只。那么，这天他们一共猎获了多少野兽呢？1根绳又3个结又6只，用今天的话来说，就是

1根绳=10个结，1个结=10只。

所以1根绳3个结又6只=136只。

你看，"逢十进一"的十进制就是这样得到的。现在世界上几乎所有的民族都采用了十进制，这恐怕跟人有10根手指密切相关。当然，过去有许多民族也曾用过别的进位制，比如玛雅人用的是二十进制（他们是连脚趾都用上了）。我国古时候还有五进制，你看算盘上的1个上珠就等于5个下珠。而古巴比伦人则用过六十进制，现在的时间进位，还有角度的进位就用的六十进制，换算起来就不太方便。英国人则用的是十二进制（1英尺=12英寸，1箩=12打，1打=12个）。

十二进位制

十二进位制的起源之说很多，如说可能与人的一只手关节有关。除大拇指外，其余4个手指有12个关节；又说可能是一年有12个月有关；又说12是所有两位的"多倍数"中最小的一个，除1和12外，它还有约数2、3、4、6，12虽然比10只大2，但约数却比10的约数多两个，用它做被除数整除的机会就多，古代就形成了十二进制。十二进制在历史上曾得宠一时，今天留下来的计数单位中，仍可见十二进制的痕迹，如1箩=12打，1打=12个，1呎=12吋，1先令=12便士，此外钟面有12个小时等。

二进位制

在人类采用的记数法中，二进位制是最低的进位制。

在二进制中,只有0和1两个基本符号,0仍代表"零",1仍代表"一",但"二"却没有对应的符号,只得向左邻位进一,用两个基本符号来表示,即"满二就应进位"。这样,在二进制中,"二"应写作"10","三"应写作"11",其他以此类推。

不同进位制的数是相互联系的,也是可以互相转化的。下面是十进制数和二进制数的关系对照表。

自然数	一	二	三	四	五	六	七	八	九	十	……
十进制	1	2	3	4	5	6	7	8	9	10	……
二进制	1	10	11	100	101	110	111	1000	1001	1010	……

看了这个表,便会明白,为什么"1+1=10"了。在二进制中,用0和1两个数码就能表示出所有的自然数。这就是二进制的优点。

正因为如此,被誉为"人类文明最辉煌的成就之一"的电子计算机,便采用了这二进制的数字线路。很显然,机器识别数字的能力低,10个数字要用10种表达方式实在复杂,而对付两个数字,就简单容易得多了。

那么,这作用非凡的二进制是谁最先发明的呢?西方数学史家认为,它是17世纪德国著名数学家莱布尼兹的首创。莱布尼兹是一位卓越的天才数学家,1671年,当他还只有25岁时,便发明了世界上第一台能进行加、减、乘、除运算的计算机;1684年,他又与牛顿几乎同时各自独立地完成了微积分的研究。应该承认,莱布尼兹是欧洲最早发现二进制的数学家,但就世界范围来看,二进制的发明权应归属于我国,这便是那神秘的八卦。

八卦,是我国古代的一套有象征意义的符号,古人用它来模拟天地万物的生成。其符号结构的素材只有两种,即阳爻"——"和阴爻"— —"。

这两种素材互相搭配,以3个为一组,便产生出8种符号结构:☰、☷、☳、☶、☲、☵、☱、☴。这8种符号结构就叫做八卦。它们的具体名称是乾☰、坤☷、震☳、艮☶、离☲、坎☵、兑☱、巽☴。

我们可以看出,每个卦形都是上、中、下三部分,这三部分称为"三爻"。上面的叫"上爻",中间的叫"中爻",下面的叫"初爻"。如果我们用阳爻

"——"表示数码"1",用阴爻"— —"表示数码"0",并且由下而上,把初爻看做是第一位上的数字,中爻看做是第二位上的数字,上爻看做是第三位上的数字,那么,我们便会发现,八卦的8个符号,恰好与二进制吻合。

六十进位制

古巴比伦大约是公元前2000年建立的国家,叫巴比伦王国。那里的民族复杂,统治者经常更换。但这里的人民对数学贡献却很大。

巴比伦人对天文学很有研究,1个星期有7天是巴比伦人提出来的;1小时有60分,1分钟有60秒是巴比伦人提出来的;将圆周分为360°,每1°是60′,每1′是60″是巴比伦人最早提出来的。

也许你会问,巴比伦人为什么这样喜欢60呢?这是因为巴比伦人使用六十进制。许多文明古国采用十进制,因为人长有10个手指头,数完了就要考虑进位。南美的印第安人,数完了10个手指头,又接着数10个脚趾,他们就使用二十进制。

巴比伦人为什么采用六十进制呢?人的身上好像没有和60有关的东西。然而对于这个问题却有两种截然不同的见解。

一种见解认为,巴比伦人最初以360天为一年,将圆周分为360°,而圆内接正六边形的每边都等于圆的半径,每边所对的圆心角恰好等于60°,六十进制由此而生。

另一种见解则认为,从出土的泥板上可知,巴比伦人早就知道一年有365天。他们选择六十进制是因为60是许多常用数(比如2、3、4、5、6、10……)的倍数,特别是60=12×5,其中12是一年的月份数,5是一只手的手指数。

上述两种见解,毕竟是推测,事实究竟如何,也许随着对古巴比伦遗址的发掘,人们会得到更多的史料,从中找到答案。

二十进位制

二十进位制最初是由玛雅人创造的。

玛雅文化约形成于28000年前的墨西哥境内，繁荣于公元前的数百年间，是美洲古代文化中最发达、水平最高，也是世界最著名的文化之一。玛雅人创造了美洲唯一的文字，在天文历法方面有杰出的成就，他们发明了太阳历，把一年定为365天，一年分为18个月，每个月20天，剩下的5天为禁忌日。在数学方面，玛雅人创造了3个符号和二十进位制。

玛雅人创造的3个数学符号分别代表1、5和0。到5以上就用"."和"—"配合使用。在3个数学符号的基础上，他们创造了二十进位制。

与十进位相比较，玛雅数位为个位、20位、400位、8000位等。

玛雅人在二十进位制的基础上，又创造了加法和减法，这种加减法只要掌握排列次序和进位、借位方法，就可以很快学会。

微积分

微积分是高等数学中研究函数的微分、积分以及有关概念和应用的数学分支。属于数学的一个基础学科。内容主要包括微分学、积分学及其应用。微分学是一套关于变化率的理论。它使得函数、速度、加速度和曲线的斜率等均可用一套通用的符号进行讨论。积分学，包括求积分的运算，为定义和计算面积、体积等提供一套通用的方法。

微积分的创建极大地推动了数学的发展，很多初等数学束手无策的问题，运用微积分，往往会得到很快、很好的解决。

延伸阅读

电子计算机采用二进制的原因

电子计算机的基本部件是由集成电路组成的，这些集成电路可以被看成是一个个门电路组成的。当计算机工作的时候，电路通电工作，于是每个输出端就有了电压。电压的高低通过模数转换即转换成了二进制：高电平由1表示，低电平由0表示。也就是说将模拟电路转换成为数字电路。

电子计算机能以极高速度进行信息处理和加工，包括数据处理和加工，而且有极大的信息存储能力。数据在计算机中以器件的物理状态表示，采用二进制数字系统，计算机处理所有的字符或符号也要用二进制编码来表示。

用二进制的优点是容易表示，运算规则简单，节省设备。人们知道，具有两种稳定状态的组件（如晶体管的导通和截止，继电器的接通和断开，电脉冲电平的高低等）容易被找到，而要找到具有10种稳定状态的组件来对应十进制的10个数就很困难了。

算筹记数法

我国古代以筹为工具来记数、列式和进行各种数与式的演算的一种方法。筹，又称为策、筹策、算筹，后来又称之为算子。

算筹最初是小竹棍一类的自然物，以后逐渐发展成为专门的计算工具，质地与制作也愈加精致。据文献记载，算筹除竹筹外，还有木筹、铁筹、骨筹、玉筹和牙筹，并且有盛装算筹的算袋和算子筒。算筹实物已在陕西、湖南、江苏、河北等省发现多批。其中发现最早的是1971年陕西千阳出土的西汉宣帝时期的骨制算筹。

筹算在我国起源甚古，春秋战国时期是我国从奴隶制转变为封建制的时期，生产的迅速发展和科学技术的进步遇到了大量比较复杂的数字计算问题。为了适应这种需要，劳动人民创造了一种十分重要的计算方法，就是筹算。

春秋战国时期的《老子》中就有"善数者不用筹策"的记述。当时算筹已作为专门的计算工具被普遍采用，并且筹的算法已趋成熟。《汉书·律历志》中有关于算筹的形状与大小的记载："其算法用竹，径一分，长六寸，二百七十一枚而成六觚，为一握。"西汉算筹一般是直径为0.23厘米，长约13.86

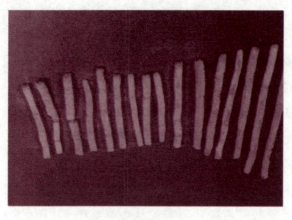

算　筹

厘米的圆形竹棍,把271枚筹捆成六角形的捆。而《隋书·律历志》称:"其算用竹,广二分,长三寸。正策三廉,积二百一十六枚成六觚,干之策也。负策四廉,积一百四十四枚成方,坤之策也。"到了隋代,算筹已是三棱形与四棱形两种,以区别正数与负数。

算筹是筹算的工具,可以摆成纵式和横式的两种数字,按照纵横相间("一纵十横,百立千僵")的原则表示任何自然数,从而进行加、减、乘、除、开方以及其他的代数计算。

筹算一出现,就严格遵循十进位值制记数法。算筹记数的规则,最早载于《孙子算经》:"凡算之法,先识其位。一纵十横,百立千僵。千、十相望,万、百相当。"九以上的数就进一位,同一个数字放在百位就是几百,放在万位就是几万。

这种记数法,除所用的数字和现今通用的印度—阿拉伯数字形式不同外,和现在的记数法实质是一样的。

我国古代的筹算表现为算法的形式,而具有模式化、程序化的特征。它的运算程序和现今珠算的运算程序基本相似。记述筹算记数法和运算法则的著作有《孙子算经》(公元4世纪)、《夏侯阳算经》(公元5世纪)和《数术记遗》(公元6世纪)。因此,我国古算中的"术",都是用一套一套的"程序语言"所描写的程序化算法,并且中算家经常将其依据的算理蕴含于演算的步骤之中,起到"不言而喻,不证自明"的作用。可以说"寓理于算"是古代筹算在表现形式上的又一特点。

负数出现后,算筹分成红黑两种,红筹表示正数,黑筹表示负数。也可以用斜摆的小棍表示负数,用正摆的小棍表示正数。

算筹还可以表示各种代数式，进行各种代数运算，方法和现今的分离系数法相似。我国古代在数字计算和代数学方面取得的辉煌成就，和筹算有密切的关系。例如祖冲之的圆周率准确到小数第六位，需要计算正一万二千二百八十八边形的边长，把一个九位数进行二十二次开平方（加、减、乘、除步骤除外），如果没有十进位值制的计算方法，那就会困难得多了。

我国古代的筹算不仅是正、负整数与分数的四则运算和开方，而且还包含着各种特定筹式的演算。我国古人不仅利用筹码不同的"位"来表示不同的"值"，发明了十进位值制记数法，而且还利用筹在算板上各种相对位置排列成特定的数学模式，用以描述某种类型的实际应用问题。例如列衰、盈朒、"方程"诸术所列筹式描述了实际中常见的比例问题和线性问题；天元、四元及开方诸式，则刻画了高次方程问题；而大衍求一术则是为"乘率"而设计的特殊筹式。

筹式以不同的位置关系表示特定的数量关系。在这些筹式所规定的不同"位"上，可以布列任意的数码（它们随着实际问题的不同而取不同的数值），因而，我国古代的筹式本身就具有代数符号的性质。可以认为，是一种独特的符号系统。

知识点

《老 子》

《老子》又称《道德经》、《五千言》、《老子五千文》，是我国古代先秦诸子分家前的一部著作，相传是春秋时期思想家老子李耳撰写的，是道家哲学思想的重要来源。《老子》分上下两篇，原文上篇《德经》、下篇《道经》，不分章，后改为《道经》37章在前，第38章之后为《德经》，并分为81章。

延伸阅读

大衍求一术

大衍求一术是我国古代求解一类大衍问题的方法。大衍问题源于《孙子算经》中的"物不知数"问题:"今有物,不知其数,三三数之剩二,五五数之剩三,七七数之剩二,问物几何?"这是属于现代数论中求解一次同余式方程组问题。南宋数学家秦九韶在1247年著成的《数书九章》一书中,对这类问题的解法作了系统的论述,并称之为大衍求一术。相关理论在1801年才由德国数学家高斯建立起来。大衍求一术反映了我国古代数学的高度成就,为世人所瞩目。

阿拉伯人的功劳

阿拉伯数码和记数法也像整个阿拉伯数学一样,是在一定程度上吸收了外来成就,特别是希腊和印度成就以后,经过自己的加工、发展而成的。

聪明的阿拉伯人看到古希腊曾用字母表示数,阿拉伯文共有28个字母,他们就用每个字母代表一个数字。其中9个字母代表个位数,9个字母代表十位数10~90,还有9个字母代表百位数100~900,剩下一个字母代表1000。

这里,阿拉伯数字记数是按数字从小到大顺序排列,并不是字母表原来的顺序。这种字母记数法,从中世纪直到现在还在使用,多半用于占卜和神事。令人感兴趣的是,在阿拉伯词典中,每一个字母都表明它所代表的数字。

关于阿拉伯数字,曾有一个美丽的传说:古老的阿拉伯数字中,凡两条线段交叉处就组成一个角,每个阿拉伯数字原来的形状就是角的个数。

数1,2,3……曾在欧洲一些数学史书中被记载为"阿拉伯数字"。其实,这是一个历史的误会,从迄今为止所搜集到的古印度数码可知,古印度数码早在公元 4～5 世纪就已经稳定地发展了。公元 8 世纪，阿拉伯人入侵印度，发现了印度具有十进位值制的德温那格利数字比阿拉伯原用 28 个字母记数符号以及当时欧洲人使用罗马记数方法既简便又科学。阿拉伯人一见钟情，对它产生了极大的兴趣。

公元 773 年，据说有一位在巴格达城的印度天文、数学家，开始将印度天文、数学书籍译成阿拉伯文，于是这时，印度数码传入阿拉伯国家。估计这位印度人带去的是德温那格利数码（具有十进位值制）。还有一本书说，印度传入的阿拉伯数码，最早见于公元 662 年叙利亚一个主教塞·西波克的著作中。两种说法相差 100 余年，若后者成立，印度数码传入阿拉伯应当早在 7 世纪了。

在传入的基础上，阿拉伯第一位伟大的代数学家阿尔·花拉子模写成《印度的计算术》（又译为《印度数字的计算法》），书中用阿拉伯文叙述了十进位制记数法及其运算法则，特别提出数"0"在其中的应用及其乘法性质。这是第一部用阿拉伯语介绍印度数码及记数法的著作，后人称为"印度—阿拉伯数码"。

公元 8 世纪，阿拉伯入侵西班牙以后，把印度这种数码传给西班牙。后来经西班牙传入意大利、法国和英国。西欧人称其为"阿拉伯数码"，这就是现在阿拉伯数码名称的起源。

中世纪

中世纪表示的是欧洲（主要是西欧）一个历史时代，起始时间是自西罗马帝国灭亡（公元 476 年）数百年后起，至 15 世纪末地理大发现之前。这段时期欧洲没有一个强有力的政权来统治，封建制度占据主导地位，封建领主频繁发动战争，科技和生产力发展停滞，人民生活在看不到前途的黑暗中，所以中世纪或者中世纪早期被称做"黑暗时代"。

延伸阅读

烦琐难记的罗马数字

阿拉伯数字在中世纪全盛时期传入了欧洲，这使罗马数字几乎失去了一切可能的用途。阿拉伯数字不知要比它们胜过多少倍。为了表达用罗马数字来计算的方法，不知用去多少纸张。而从此之后只需1%的纸，就可完成同样的计算。

西方的许多国家曾一度使用罗马数字表达或换算的东西。在"布的度量"上，2英寸是一奈尔，12奈尔等于一个佛兰芝埃尔。如果测量距离，712/100英寸等于1令克，25令克等于1杆，4杆等于1测链，10测链等于1佛浪，8佛浪等于1英里；计量啤酒时，最常用2品脱等于1奈脱，而4奈脱等于1加仑；8加仑等于1小桶，2小桶等于1琵琶桶，$1\frac{1}{2}$琵琶桶等于1中桶，2琵琶桶等于1大桶。

你能弄清楚以上那些换算关系吗？我们的数制既然已经很牢固地以10为基数，那么，当今世界上的单位比率也没必要搞得这样变化多端。所以，还是忘掉这些烦琐难记的罗马数字吧。

整数的诞生

学会数数，那可是人类经过成千上万年的奋斗才得到的结果。如果我们穿过"时间隧道"来到二三百万年前的远古时代，和我们的祖先——类人猿在一起，我们会发现他们根本不识数，他们对事物只有"有"与"无"这两个数学概念。类人猿随着直立行走使手脚分工，通过劳动逐步学会使用工具与制造工具，并产生了简单的语言，这些活动使类人猿的大脑日趋发达，最后完成了由猿向人的演化。这时的原始人虽没有明确的数的概念，但已由"有"与"无"的概念进化到"多"与"少"的概念了。"多少"比"有无"要精确。这种概念精确化的过程最后就导致"数"的产生。

上古的人类还没有文字，他们用的是结绳记事的办法（《周易》中就有"上古结绳而治，后世圣人，易之以书契"的记载）。遇事在草绳上打一个结，一个结就表示一件事，大事大结，小事小结。这种用结表事的方法就成了"符号"的先导。长辈拿着这根绳子就可以告诉后辈某个结表示某件事。这样代代相传，所以一根打了许多结的绳子就成了一本历史教材。又经过了很长的时间，原始人终于从一头野猪，一只老虎，一把石斧，一个人……这些不同的具体事物中抽象出一个共同的数字——"1"。数"1"的出现对人类来说是一次大的飞跃。人类就是从这个"1"开始，又经过很长一段时间的努力，逐步地数出了"2""3"……对于原始人来说，每数出一个数（实际上就是每增加一个专用符号或语言）都不是简单的事。直到 20 世纪初，人们还在原始森林中发现一些部落，他们数数的本领还很低。例如在一个马来人的部落里，如果你去问一个老头儿的年龄，他只会告诉你："我 8 岁。"这是怎么回事呢？因为他们还不会数超过"8"的数。对他们来说，"8"就表示"很多"。有时，他们实在无法说清自己的年龄，就只好指着门口的棕榈树告诉你："我跟它一样大"。

这种情况在我国古代也曾发生并在古汉语中留下了痕迹。比如"九霄"指天的极高处，"九派"泛指江河支流之多，这说明，在一段时期内，"九"曾用于表示"很多"的意思。

总之，人类由于生产、分配与交换的需要，逐步得到了"数"，这些数排列起来，可得

1，2，3，4，…，10，11，12，……

这就是自然数列。

可能由于古人觉得，打了一只野兔又吃掉，野兔已经没有了，"没有"是不需要用数来表示的。所以数"0"出现得很迟。

后来由于实际需要又出现了负数。我国是最早使用负数的国家。西汉（公元前 2 世纪）时期，我国就开始使用负数。《九章算术》中已经给出正负数运

算法则。人们在计算时就用两种颜色的算筹分别表示正数和负数，而用空位表示"0"，只是没有专门给出 0 的符号。"0"这个符号，最早在公元 5 世纪由印度人阿尔耶婆哈答使用。到这时候，"整数"才完整地出现了。

《九章算术》

《九章算术》作者不详，是中国古代第一部数学专著，是算经十书中最重要的一种。该书内容十分丰富，系统总结了战国、秦、汉时期的数学成就。同时，《九章算术》在数学上还有其独到的成就，不仅最早提到分数问题，也首先记录了盈不足等问题，还在世界数学史上首次阐述了负数及其加减运算法则。它是一本综合性的历史著作，是当时世界上最先进的应用数学，它的出现标志中国古代数学形成了完整的体系。

全书采用问题集的形式，收有 246 个与生产、生活实践有联系的应用问题，其中每道题有问（题目）、答（答案）、术（解题的步骤，但没有证明）。这些问题依照性质和解法分别隶属于方田、粟米、衰（音 cuī）分、少广、商功、均输、盈不足、方程及勾股九章。

延伸阅读

数量的观念在实践中建立起来

从大约 300 万年前的原始时代起，人们通过劳动逐渐产生了数量的概念。他们学会了在捕获一头野兽后用一块石子、一根木条来代表，或用绳打结的方法来记事、记数。这样在原始人眼里，一个绳结就代表一头野兽，两个结代表两头野兽……或者一个大结代表一头大兽，一个小结代表一头小兽……数量的观念就是在这些过程中逐渐发展起来的。

在距今天 5000～6000 年前，非洲的尼罗河流域的文明古国埃及较早地学会了农业生产。他们通过天文观测进行农业生产以获得好收成，其中就包含了一些数学知识的应用；另一方面，古埃及的农业制度是把同样大小的正方形土地分配给每一个人。这种对于土地的测量，导致了几何学的产生。数学正是从打结记数和土地测量开始的。

神奇的八卦

在我国古代的许多美丽的神话传说中，伏羲是被尊为"三皇"之一的传奇人物。

据说，他创造了"规"和"矩"这两种绘图工具，"规"用于画圆，"矩"则用于画方，即画直线与直角。

传说伏羲创造了八卦，即用"——"（阳爻）及"— —"（阴爻）组合成八种图形：

乾　坤　震　巽　坎　离　艮　兑

这 8 种图形分别象征一种事物或自然现象：乾为天，坤为地，震为雷，巽为风，坎为水，离为火，艮为山，兑为泽。用八卦可以记事。

商朝末年，生活在陕西岐山一带的周人逐渐强大，商纣王很怕他们，于是把他们的领袖姬昌（周文王）抓进监狱里关了 9 年，姬昌在狱中精心研究，把八卦互相搭配成 64 卦，如表示地下有水，称为师卦等，他并据此演绎出《易》这本书。我国古代长期只把八卦用于占卜这项迷信活动，《周易》则成为这方面的权威著作。

然而仁者见仁，智者见智，1701 年，正当德国大数学家莱布尼茨为设计乘法计算机而绞尽脑汁时，他收到了一个到中国来的传教士寄给他的八卦图。使他从中受到启示：如把"— —"看成"0"，把"——"看成"1"，就有

☷ 000　☶ 001　☵ 010　☴ 011　☳ 100　☲ 101　☱ 110　☰ 111

莱布尼茨领悟出,这种只需两个数码"0"与"1"写出的数也可用于表示所有的数。只是,它不像我们普通计数那样"逢十进一",而是"逢二进一"。即高位上的"1"相当于低一位上的"2",这就是二进制记数法。在二进制中,1+1 就用 10 表示,再加 1 就用 11 表示,再加 1 就用 100 表示。二进制中的 100 就相当于十进制中的 4：$(100)_2 = (4)_{10}$(括号外的注脚分别表示是何种进制)。

十进制	二进制	十进制	二进制
0	0	5	101
1	1	6	110
2	10	7	111
3	11	8	1000
4	100	9	1001

上面是二进制数和十进制数的对照表。给出一个二进制数,我们怎样将它化为十进制数呢?

只要记住高位上数"1"等于低一位上数"2"即可。例如 $(101011)_2 = 1×2^5 + 0×2^4 + 1×2^3 + 0×2^2 + 1×2^1 + 1 = (43)_{10}$

相反地,要把十进制数化成二进制数也不难,例如
$(278)_{10} = 1×2^8 + 1×2^4 + 1×2^2 + 1×2 = (100010110)_2$

这里也可用短除法来完成这一转化：

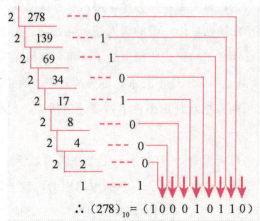

∴ $(278)_{10} = (100010110)_2$

二进制的加法与乘法都很方便，只要记住下列加法表与乘法表即可：

+	0	1
0	0	1
1	1	10

×	0	1
0	0	0
1	0	1

由于二进制数只有两个数码，只须两种状态（例如开关的"通"与"断"）即可表示，这样的物理元件易于制造与使用，因此，现代电子计算机都采用二进制数进行运算。电子计算机现已成为人类生产、科研不可或缺的最重要工具了，而正是神奇的八卦促进了二进制的诞生，从而使计算机的设想成为现实。由此可见，"八卦"是我国对世界科技界的又一重大贡献。

莱布尼茨

莱布尼茨（1646~1716），德国伟大的自然科学家、数学家、物理学家、历史学家和哲学家，和牛顿同为微积分的创建人。他的研究成果还遍及力学、逻辑学、化学、地理学、解剖学、动物学、植物学、气体学、航海学、地质学、语言学、法学、哲学、历史、外交等等。他还是最早研究中国文化和中国哲学的德国人，对丰富人类的科学知识宝库作出了不可磨灭的贡献。

关于"规矩"的发明

根据现有的资料来看，古代四大文明古国都有关于使用圆规和尺子的记载，特别是几何学发达的古埃及人。他们在丈量土地、绘制图形时，都会用到这两种工具。

但是最早使用规和矩的国家是我国。在我国远古的传说中，尧舜共同管理部落联盟的内部事务，黄河下游一带洪水泛滥，先推举鲧治水，由于鲧治水无效，又让鲧的儿子禹治水，禹治水时"左准绳，右规矩"，准绳就是用来测定水准和直线的工具，规矩就是用来画圆的圆规和画直线及直角的直角拐尺。如果说这仅仅是一种传说，那么在商代已经有了"规矩"二字的明确记载。在汉代的许多画像上有"伏羲手执规，女娲手执矩"的造型。那时圆规的形状类似我们现在的圆规，这些都是规、矩最早出现在我国的有力证明。

规和矩的使用对我国早期数学的发展起过巨大的作用。规主要用来画圆，矩不但用来绘直角和直线，还用于测量，《周髀算经》许多地方就是利用矩形的不同摆法，根据相似直角三角形对应边成比例的性质，来确定水平和垂直方向，测量远处的高度、深度和距离的。

奇妙的幻方

相传在大禹治水的年代里，陕西的洛水常常大肆泛滥。洪水冲毁房舍，吞没田园，给两岸人民带来巨大的灾难。万般无奈之下，每当洪水泛滥的季节来临之前，迷信的人们都抬着猪羊去河边祭河神。每一次，等人们摆好祭品，河中就会爬出一只大乌龟来，慢吞吞地绕着祭品转一圈。大乌龟走后，河水又照样泛滥起来。

后来，人们开始留心观察这只大乌龟。发现乌龟壳有9大块，横着数是3行，竖着数是3列，每一块乌龟壳上都有几个小点点，正好凑成从1到9的数字。可是，谁也弄不懂这些小点点究竟是什么意思。

有一年，这只大乌龟又爬上岸来，忽然，一个看热闹的小孩儿惊奇地叫了起来："多有趣啊，这些小点点不论是横着加，竖着加，还是斜着加，算出的结果都是15！"人们想，河神大概是每样祭品都要15份吧，赶紧抬来15头猪和15头牛献给河神……果然，河水从此再也不泛滥。后来，大禹根据龟背上的图像，发明了洛书。

撒开这些迷信色彩不谈，"洛书"确实有它迷人的地方。普普通通的9个自然数，经过一番巧妙的排列，就把它们每3个数相加和是15的8个算式，全都包含在一个图案之中，真是令人不可思议。

在数学上，像这样一些具有奇妙性质的图案叫做"幻方"。"洛书"有3行3列，所以叫3阶幻方。这也是世界上最古老的一个幻方。

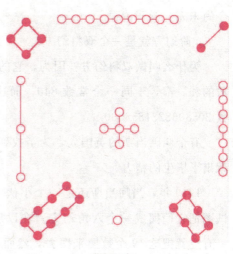

3阶幻方

构造幻方并没有一个统一的方法，主要依靠人的灵巧智慧，正因为此，幻方赢得了无数人的喜爱。

历史上，最先把幻方当做数学问题来研究的人，是我国宋朝的著名数学家杨辉。他深入探索各类幻方的奥秘，总结出一些构造幻方的简单法则，还动手构造了许多极为有趣的幻方。被杨辉称为"攒九图"的幻方，就是他用前33个自然数构造而成的。

幻方不仅吸引了许多数学家，也吸引了许许多多的数学爱好者。我国清朝有位叫张潮的学者，本来不是搞数学的，却被幻方弄得"神魂颠倒"。后来，他构造出了一批非常别致的幻方。"龟文聚六图"就是张潮的杰作之一。

大约在15世纪初，幻方辗转流传到了欧洲各国，它的变幻莫测，它的高深奇妙，很快就使成千上万的欧洲人如痴如狂。包括欧拉在内的许多著名数学家，也对幻方产生了浓厚的兴趣。

欧拉曾想出一个奇妙的幻方。它由前64个自然数组成，每列或每行的和都是260，而半列或半行的和又都等于130。最有趣的是，这个幻方的行列数正好与国际象棋棋盘相同，按照马走"日"字的规定，根据这个幻方里数的排列顺序，马就可以不重复地跳遍整个棋盘！所以，这个幻方又叫"马步幻方"。

近百年来，幻方的形式越来越稀奇古怪，性质也越来越光怪陆离。现在，许多人都认为，最有趣的幻方属于"双料幻方"。它的奥秘和规律，数学家至今尚未完全弄清楚呢。

8阶幻方就是一个双料幻方。

为什么叫做双料幻方？因为，它的每一行、每一列以及每条对角线上8个数的和，都等于同一个常数840；而这样8个数的积呢，又都等于另一个常数2058068231856000。

有个叫阿当斯的英国人，为了找到一种稀奇古怪的幻方，竟然毫不吝啬地献出了毕生的精力。

1910年，当阿当斯还是一个小伙子时，就开始整天摆弄前19个自然数，试图把它们摆成一个六角幻方。在以后的47年里，阿当斯食不香，寝不安，一有空就把这19个数摆来摆去，然而，经历了成千上万次的失败，始终也没有找出一种合适的摆法。1957年的一天，正在病中的阿当斯闲得无聊，在一张小纸条上写写画画，没想到竟画出一个六角幻方。不料乐极生悲，阿当斯不久就把这个小纸条搞丢了。后来，他又经过5年的艰苦探索，才重新画出了那个丢失了的六角幻方。

六角幻方得到了幻方专家的高度赞赏，被誉为数学宝库中的"稀世珍宝"。马丁博士是一位大名鼎鼎的美国幻方专家，毕生从事幻方研究，光4阶幻方他就熟悉880种不同的排法，可他见到六角幻方后，也感到是大开眼界。

过去，幻方纯粹是一种数学游戏。后来，人们逐渐发现其中蕴含着许多深刻的数学道理，并发现它能在许多场合得到实际应用。电子计算机技术的飞速发展，又给这个古老的题材注入了新鲜血液。数学家们进一步深入研究它，终于使其成为一门内容极其丰富的新数学分支——组合数学。

组合数学

组合数学又称为离散数学，是现代数学的两大类之一，以研究离散对象为主。狭义的组合数学主要研究满足一定条件的组态（也称组合模型）的存在、计数以及构造等方面问题。主要研究内容包括组合计数、组合设计、组合矩阵、组合优化等。由于计算机所处理的对象是离散的数据，因此离散对象的处理就成了计算机科学的核心，而研究离散对象的科学就是组合数学，所以，组合数学在计算机出现以后得到了快速的发展。

延伸阅读

一类特殊的幻方——反幻方

有幻方，就有反幻方，反幻方的定义是：在一个由若干个排列整齐的数组成的正方形中，图中任意一横行、一纵行及对角线的几个数之和不相等，具有这种性质的图表，就称为"反幻方"。

反幻方与正幻方最大的不同点是幻和不同，正幻方所有幻和都相同，而反幻方幻和可以完全不同，也可以部分相同。所谓幻和就是幻方的任意行、列及对角线几个数之和。

珠算的发明

一校分成两院落，两个院里学生多。

多的倒比少的少，少的倒比多的多。

这是一条谜语，谜底是算盘。这一谜语形象生动地对我国的绝活——珠算作了描绘。可以说，珠算该算得上是我国的第五大发明。

珠算是由筹算进化而来的。由于社会的发展，对计算的速度和准确性要求越来越高，所以人们对筹算进行了改革，创造出各种各样的歌诀。例如 14＋7 的歌诀是"七除三进一"，同样，14－7 的歌诀是"七退一还三"等等。所有

老式算盘

的加法、减法、乘法和除法都有一套歌诀。

实际上,在珠算出现以前,除了个别的除法歌诀外,几乎全部的珠算歌诀都已齐备。歌诀出现以后,计算速度提高了,继续摆弄算筹进行计算,就会手不从心。许多在室外进行计算的商业人员,由于客观环境的限制,尤其容易把算筹摆乱,造成错误。

这样一来,珠算代替筹算成了必然的发展趋势,不仅条件已经具备,而且成了十分急需的事情。正是在这种情况下,当时的工匠、计算人员和商业人员一起,共同研制出巧妙的珠算。

然而,我国是什么时候开始有珠算的呢?从清代起,就有许多算学家对这一问题进行了研究,日本的学者也对此投入不少精力。由于缺少足够的证据,珠算的起源问题直至今天仍是众说纷纭,莫衷一是。归纳起来,主要有"三说"。

一是清代数学家梅启照等主张的东汉、南北朝说。其依据是,东汉数学家徐岳写过一部《数术记遗》,其中著录了十四种算法,第十三种即称"珠算",并说:"珠算,控带四时,经纬三才。"

后来,北周数学家甄鸾对这段文字作了注释,称:"刻板为三分,其上下二分以停游珠,中间一分以定算位。位各五珠,上一珠与下四珠色别,其上别色之珠当五,其下四珠,珠各当一。至下四珠所领,故云'控带四时'。其珠游于三方之中,故云'经纬三才'也。"

这些文字,被认为是最早关于珠算的记载。但是一些学者认为,此书描写的珠算,充其量不过是一种记数工具或者只能作加减法的简单算板,与后来出现的珠算,不能同日而语。

二是清代学者钱大昕等主张的元明说,即珠算出现在元朝中叶,到元末明初已普遍使用。

元代陶宗仪《南村辍耕录》第二十九卷《井珠》,引当时谚语形容奴仆说:"凡纳婢仆,初来时日擂盘珠,言不拨自动;稍久,曰珠算珠,言拨之则动;既久,曰佛顶珠,言终日凝然,虽拨亦不动"。后人称此为"三珠戏语"。把老资格的奴婢比做珠算珠,拨一拨动一动,说明当时的珠算已很普及。

宋末元初人刘因的《静穆先生文集》中有一首以《珠算》为题的五言绝句:

不作翁商舞,休停饼氏歌。

执筹仍蔽箧,辛苦欲如何。

这也是珠算在元代出现的明证。至于明朝,永乐年间编的《鲁班木经》中,已有制造珠算的规格、尺寸,还出现了徐心鲁《算珠算法》、程大位《直指算法统宗》等介绍珠算用法的著作,因此珠算在明代已被广泛使用,这是毫无疑问的了。

随着新史料的发现,又形成了珠算起源于唐朝、流行于宋朝的第三说。其依据是:

(1) 宋代名画《清明上河图》中,画有一家药铺,其正面柜台上赫然放有一架珠算,经中日两国珠算专家将画面摄影放大,确认画中之物是与现代使用珠算形制类似的串档珠算。

(2) 1921年在河北巨鹿县曾挖掘到一颗出于宋人故宅的木制珠算珠,已被水土淹没800年,但仍可见其为鼓形,中间有孔,与现代算珠毫无两样。

(3) 刘因是宋末元初人,他的《珠算》诗,与其说是描写元代的事物,还不如说是宋代事物的反映更为确切。同样,陶宗仪的"三珠戏语"所见元人谚语中已有珠算珠之说,也反映出"是法盛行于宋矣"。

(4) 元初的蒙学课本《新编相对四言》中,有一幅九档的珠算图,既然在元初已为训蒙内容,可见已是寻常之物,它的出现,至少可上推到宋代。

另外,民间还流传着一个故事,也能说明珠算在宋代已经妇孺皆知:

北宋末年,都城汴京住着一位王员外。王员外虽不是家财万贯,却也财产上千。员外膝下一女,名曰丽娘。丽娘人品出众,才貌双全,棋琴书画无一不精,缝纫刺绣乃为当地一绝。员外对此女爱若掌上明珠,一心想给自己的宝贝女儿找一如意郎君。京城的少男们听说丽娘婚配，个个喜上眉梢。他们仰慕丽娘美名，纷纷托媒求亲，而员外却一一回绝。

却说有一天员外探亲途经一座荒山，忽闻山谷传来朗朗书声。循声而去，发现谷中有一破庙，一书生端坐庙门，专心读书。

"此后生将来必成大器。"员外边想边走近书生，张口便问："相公因何在此读书？"

书生闻言，缓缓抬起头来，答曰："不瞒老人家，我本赶考一秀才，不想中途遇盗，盘缠皆被抢光。进京无钱，只好在此读书消愁。"

员外上下打量，只见他眉清目秀，举止文雅，顿生欢喜："观相公神情，并非说谎之人，小老儿有意将小女许配与你。不过我先出题考你，如诗做得好，我便出资助你科考，如做不好，此事便罢，不知意下如何？"

"晚生求之不得，请老伯出题。"

"就以珠算为题，请即做来。"

书生命不该绝，遇此好事，做诗本书生拿手好戏，张口吟道：

　　鹄鸠七子最均平，定位联行格局成。

　　珠欲去盘先入串，棋将举手预敲杆。

　　听来钱窟终年响，算到铜山几处倾。

　　暗里乘除兼理数，此间心地要分明。

"好诗！"说完，不再探亲，骑马驮书生径直回府。

后来，书生果然金榜题名，成了员外的乘龙快婿。

此外，宋代的珠算从形制看已较成熟，没有新生事物常有的那种笨拙或粗糙。因此，较多的算学家认为，珠算的诞生还可上推到唐代。因为宋以前的五代十国时期战乱不断，科技文化的发展较为滞缓，珠算诞生于此时的可能性较小。

而唐代是中国历史上的盛世，经济文化都较发达，需要有新的计算工具，使用了2000年的筹算在此时演变为珠算，珠算在这时被发明，是极有可能的。

珠算是我国古代重大科学成就之一。它具有结构简单、运算简易、携带方便等优点，因而被广泛采用，历久不衰。

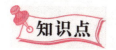

《直指算法统宗》

　　《直指算法统宗》简称《算法统宗》，为程大位（明代珠算发明家）60岁时所著的珠算杰作。程大位在《算法统宗》的基础上，又对该书删繁就简，写成《算法纂要》四卷。《算法统宗》详述了传统的珠算规则，确立了算盘用法，完善了珠算口诀，搜集了古代流传的595道数学难题并记载了解决方法，堪称中国16~17世纪数学领域集大成的著作。这部巨著是我国古代最完善的珠算经典之作，开创了珠算计数的新纪元。

珠算常用术语

术语一

空档：是指某一档的上、下都离梁的时候。空档表示这一档没有记数，或者表示0。

空盘：算盘的各档都是空档，表示全盘没有记数。

内珠：靠梁记数的算珠。

外珠：离梁不记数的算珠。

拨上：是指将下珠拨靠梁，拨下是指将上珠拨靠梁，拨去是指将上珠或下珠拨离梁。

本档：是指正要拨珠记数的这一档；前档是指本档的前一档，也叫左一档（位）；后档是指本档的后一档，也叫右一档（位）。

术语二

退位：是指在本档减去一个数时本档不够，许向前面一位减1。

首位：也叫最高位，是指一个多位数的第一个非零数字为首位。

末位：也叫最低位，是指一个多位数的最后一个数字。

次位：是指一个多位数的第二个数字。

实数：古算书中通称被乘数和被除数为实数，简称实。

法数：古算书中通称乘数和除数为法数，简称法。

乘加：是指被乘数每位乘以乘数各位，在算盘上一边乘一边加积数。

乘减：也叫减积，是指每位商数同除数相乘，乘积在被除数里减去。

除首：是指除数的最高位数。

积首：是指积数的首位数。

尖锥术的发明

清朝时期，由于朝廷长期奉行闭关自守政策，西方近代科学技术一直未能传入中国。当时的中国数学界，除了见到零星几个由传教士带进来的三角函数无穷级数表达式和对数计算方法之外，其余则一概不知。就是这些公式和方法，也只有结论，没有推导的过程和计算的原理。在这种情况下，李善兰异军突起，独辟蹊径，通过自己的刻苦钻研，在中国传统数学中垛积术和无穷小极限方法的基础上，发明尖锥术，不仅创立了二次平方根的幂级数展开式，各种三角函数、反三角函数和对数函数的幂级数展开式，而且还具备了解析几何思想和一些重要定积分公式的雏形。

李善兰生于1811年1月2日，浙江海宁人，原名李心兰，字竟芳，号秋纫，别号壬叔，是近代著名的数学家、天文学家、力学家和植物学家。

李善兰自幼就读于私塾，受到了良好的家庭教育。他资禀颖异，勤奋好学，于所读之诗书，过目即能成诵。

9岁时，李善兰发现父亲的书架上有一本中国古代数学名著——《九章算术》，感到十分新奇有趣,从此迷上了数学。

14岁时,李善兰又靠自学读懂了欧几里得《几何原本》前6卷,这是明末徐光启、利玛窦合译的古希腊数学名著。欧氏几何严密的逻辑体系,清晰的数学推理,与偏重实用解法和计算技巧的中国古代传统数学思路迥异,自有它的特色和长处。李善兰在《九章算术》的基础上,又吸取了《几何原本》的新思想,这使他的数学造诣日趋精深。

1845年前后,李善兰在嘉兴陆费设馆授徒,得以与江浙一带以数学家为主的学者顾观光、张文虎、汪曰桢等人

数学家李善兰

相识,他们经常在一起讨论数学问题。此间,李善兰有关于"尖锥术"的著作《方圆阐幽》、《弧矢启秘》、《对数探源》等相继问世。

李善兰认为:

元数起于丝发而递增之而造成则成平尖锥;

平方数起于丝发而渐增之而迭之则成立尖锥;

立方数起于丝发而渐增之变为面而迭之则成三乘尖锥;

三乘方数起于丝发而渐增之变为面而迭之成三乘尖锥。

……

从此递推可至无穷。然则多一乘之尖锥皆少一乘方渐增渐迭而成也。

因此,"诸乘方皆有尖锥,三乘以上尖锥之底皆方,唯上四面不作平体,而成凹形。乘愈多,则凹愈甚"。

李善兰的"尖锥之算法"是"以高乘底为实,本乘方数加1为法,除之得尖锥积"。又"二乘以上尖锥所迭之面皆可变为线","诸尖锥既为平面,则可变为一尖锥"。

这样,对于一切自然数 n,乘方数 X 都可用线段长表示,它们可以积迭成

n 乘尖锥面。这种尖锥面由相互垂直的底线、高线和凹向的尖锥曲线组成。乘数愈多（即幂次愈高），尖锥曲线其凹愈甚。

简而言之，也就是体积是由面积积迭而成，面积是由线段积迭而成。体积可变为面积，面积可变为线段。

李善兰的尖锥术，可以说是具有中国传统数学特色的解析几何和微积分，对后世数学有着深远的意义：

首先，李善兰所创立的尖锥概念，是一种处理代数问题的几何模型。它由互相垂直的底线、高线和凹向的尖锥曲线所组成，并且在考虑尖锥合积的问题时，也是使诸尖锥有共同方向上的底和高，这样的底和高具有平面直角坐标系中纵、横两个坐标的作用。

其次，这种尖锥是由乘方数渐增渐迭而得，尖锥曲线是由随同乘方数一起渐增渐迭的底线和高线所确定的点变动而成的轨迹。由于李善兰把每一条尖锥曲线看做是无穷幂级数中相应的项，实际上他给出了直线（长方、平尖锥）、抛物线（立尖锥）、立方抛物线（二乘尖锥）……的方程。他的对数合尖锥还相当于给出了等轴双曲线的方程。

再次，李善兰的尖锥求积术，实质上就是幂函数的定积分公式和逐项积分的运算法则。同时，李善兰用这种积分的方法，配合还原（级数回求）、商除等代数运算方法，卓有成效地展开了对许多超越函数的研究，这也是属于微积分学早期阶段的工作。

英国传教士伟烈亚力说："李善兰的对数论，使用了具有独创性的一连串方法，这到了如同圣文·森特的格雷戈里（1638～1675）发明双曲线求积法时同样漂亮的结果。"

无穷级数

无穷级数是研究有次序的可数或者无穷个数函数的和的收敛性及和的数

值的方法，无穷级数以数项级数为基础，数项级数有发散性和收敛性的区别。只有无穷级数收敛时有一个和，发散的无穷级数没有和。算术的加法可以对有限个数求和，但无法对无限个数求和，有些数列可以用无穷级数方法求和。

李善兰其他两项数学研究成果

除了尖锥术外，李善兰还有两项世界级的数学研究成果，一个是垛积术，一个是素数论。

垛积术理论主要见于《垛积比类》，著作写于1859～1867年间，是有关高阶等差级数的著作。李善兰从研究传统的垛积问题入手，获得了一些相当于现代组合数学中的成果。

素数论主要见于《考数根法》，著作发表于1872年，这是我国素数论方面最早的著作。值得一提的是，素数论中，在判别一个自然数是否为素数时，李善兰证明了著名的费马素数定理，并指出了它的逆定理不真，这项成就为世界数学界所瞩目。

勾股定理的问世

勾股定理是几何学中一颗光彩夺目的明珠，被称为"几何学的基石"，是用代数思想解决几何问题的最重要的工具之一，是数形结合的纽带之一，在高等数学和其他学科中也有着极为广泛的应用。正因为这样，世界上几个文明古国都已发现并且进行了广泛深入的研究，因此有许多名称。

希腊的著名数学家毕达哥拉斯发现了这个定理，因此世界上许多国家都称

毕达哥拉斯

勾股定理为毕达哥拉斯定理。

毕达哥拉斯的最伟大的发现，就是关于直角三角形的命题，即直角两夹边的平方的和等于另一边的平方。

毕达哥拉斯有次应邀参加一位富有政要的餐会，这位主人豪华宫殿般的餐厅地面铺着的是美丽的正方形大理石地砖，由于大餐迟迟不上桌，这些饥肠辘辘的贵宾颇有怨言，唯独这位善于观察的数学家却凝视脚下这些排列规则、美丽的方形瓷砖。

不过，毕达哥拉斯不是在欣赏瓷砖的美丽，而是想到它们和"数"之间的关系，于是拿了画笔并且蹲在地砖上，选了一块瓷砖以它的对角线为边画一个正方形，他发现这个正方形面积恰好等于两块瓷砖的面积和。他很好奇，于是再以两块瓷砖拼成的矩形之对角线做另一个正方形，他发现这个正方形之面积等于5块瓷砖的面积，也就是以两股为边做正方形面积之和。

至此毕达哥拉斯作了大胆的假设：任何直角三角形，其斜边的平方恰好等于另两边平方之和。

那一顿饭，这位古希腊数学大师，视线一直都没有离开地面。

为了庆祝这一定理的发现，毕达哥拉斯学派杀了100头牛酬谢供奉神灵，因此这个定理又有人叫做"百牛定理"。

其实，勾股定理的故乡应该在我国。至少成书于西汉的《周髀算经》就开始记载了我国周朝初年的周公（约公元前1100年）与当时的学者商高关于直角三角形性质的一段对话。大意是这样的：从前，周公问商高古代伏羲是如何确定天球的度数的？要知道天是不能用梯子攀登上去的，它也无法用尺子来测量，请问数是从哪里来的呢？商高对此做了回答，他说，数的艺术是从研究圆形和方形开始的，圆形是由方形产生的，而方形又是由折成直角的矩尺产生的。在研究矩形前需要知道九九口诀，设想把一个矩形沿对角线切开，使得短直角边（勾）的长为三，长直角边（股）的长为四，斜边（弦）长则为五。这就是我们常说的勾股弦定理。至于应用，据记载，夏禹治水时就已用到了勾股术，开创了世界上最早使用勾股定理的先河。

由于毕达哥拉斯比商高晚600多年，所以有人主张毕达哥拉斯定理应该称为"商高定理"，加之《周髀算经》中记载了在周公之后的陈子曾用勾股定理和相似比例关系推算过地球与太阳的距离和太阳的直径，所以又有人主张称勾股定理为"陈子定理"，最后决定用"勾股定理"来命名，它既准确地反映了我国古代数学的光辉成就，又形象地说明了这一定理的具体内容。

几何学

"几何学"一词来自希腊文，原来的意义是"测量土地技术"，是研究空间结构及性质的一门学科。它萌芽于早期的土地丈量、房屋和谷仓的建造以及开河筑堤等水利工程。在我国古代，这门数学分科并不叫"几何"，而是叫做"形学"。欧几里得的《几何原本》的发表，标志着几何学的正式诞生。

毕达哥拉斯

毕达哥拉斯是古希腊著名的数学家。无论就他的聪明而论或是就他的刻苦努力而论，毕达哥拉斯都是自有生民以来在思想方面最重要的人物之一。数学，在证明式的演绎推论的意义上的数学，是从他开始的。而且数学在他的思想中乃是与一种特殊形式的神秘主义密切地结合在一起的。自从毕达哥拉斯之后，数学对于哲学的影响一直都是深刻的。无论是解说外在物质世界，还是描写内在精神世界，都不能没有数学！最早悟出万事万物背后都有数的法则在起作用的，是生活在2500年前的毕达哥拉斯。

大约在公元前580年，毕达哥拉斯出生在米利都附近的萨摩斯岛（今希腊东部的小岛）——爱奥尼亚群岛的主要岛屿城市之一，此时群岛正处于极盛时期，在经济、文化等各方面都远远领先于希腊本土的各个城邦。

公元前551年，毕达哥拉斯来到米利都、得洛斯等地，拜访了泰勒斯、阿那克西曼德和菲尔库德斯，并成为了他们的学生。在此之前，毕达哥拉斯已经在萨摩斯的诗人克莱非洛斯那里学习了诗歌和音乐。大约在公元前550年，30岁的毕达哥拉斯因宣传理性神学，穿东方人服装，蓄上头发从而引起当地人的反感，从此萨摩斯人一直对毕达哥拉斯有成见，认为他标新立异，鼓吹邪说。毕达哥拉斯被迫于公元前535年离家前往埃及，途中他在腓尼基各沿海城市停留，学习当地神话和宗教，并在提尔一神庙中静修。

毕达哥拉斯在49岁时返回家乡萨摩斯，开始讲学并开办学校，但是没有达到他预期的成效。公元前520年左右，为了摆脱当时君主的暴政，他与母亲和唯一的一个门徒离开萨摩斯，移居西西里岛，后来定居在克罗托内。在那里他广收门徒，建立了一个宗教、政治、学术合一的团体。

无理数的诞生

由毕达哥拉斯创建并以他的名字命名的毕达哥拉斯学派是一个融宗教、哲学、数学为一体的秘密帮会，这个组织遍及希腊各地，入会者都宣誓不把知识传给外人。后来毕达哥拉斯在政治斗争中惨遭杀害，他死后，他的学派还继续存在了两个世纪之久。

毕达哥拉斯非常重视数学，他是西方第一个严格证明"勾股定理"的人。他提出了"万物皆数"的观点。就是数只有整数、分数，世界上一切东西都可以用数表示出来。这个论点，学派成员是无人敢怀疑的。

毕达哥拉斯的学生希伯索斯是一个聪明好学、具有独立思考能力的青年数学家。毕达哥拉斯死后不久他通过逻辑推理发现：等腰直角三角形的斜边与直角边之比不能表示为两个整数之比。这就推翻了毕达哥拉斯学派的信条，从几何上发现了无理数的存在。

希伯索斯对数学的发展作出了很大的贡献，但他并未获得任何赞赏，反而因此丧失了生命。事情是这样的：

一天，毕达哥拉斯的学生们刚开完一个学术讨论会，正坐着游船出来领略山水风光，以驱散一天的疲劳。这天，风和日丽，海风轻轻地吹，荡起层层波浪，大家心里很高兴。

一个学生看着辽阔的海面兴奋地说："老师的理论一点儿都不错。你们看这海浪一层一层，波峰浪谷，就好像奇数、偶数相间一样。世界就是数字的秩序。"

"是的，是的。"这时一个正在摇桨的学生插话说，"就说这小船和大海吧。用小船去量海水，肯定能得出一个精确的数字。一切事物之间都是可以用数字互相表示的。"

"我看不一定。"这时船尾的一个学者突然提问了，他沉静地说，"要是量到最后，不是整数呢？"

"那就是小数。"

"要是小数既除不尽，又不能循环呢？"

"不可能，世界上的一切东西，都可以相互用数字直接准确地表达出来。"

这时，那个学者以一种不想再争辩的口气冷静地说："并不是世界上一切事物都可以用我们现在知道的数来互相表示，就以老师研究最多的直角三角形来说吧，假如是等腰直角三角形，你就无法用一个直角边准确地量出斜边来"。

这个提问的学者叫希伯索斯，他是毕达哥拉斯的众多学生中最有独立思考能力的青年数学家。今天要不是因为争论，还不想发表自己这个新见解呢。

那个摇桨的学生一听这话就停下手来大叫着："不可能，先生的理论置之四海皆准。"

希伯索斯眨了眨聪明的大眼，伸出两手，用两个虎口比成一个等腰直角三角形说:"如果直边是3,斜边是几?"

"4。"

"再准确些?"

"4.2。"

"再准确些?"

"4.24。"

"再准确些呢?"

那个学生的脸涨得绯红,一时答不上来。

希伯索斯说:"你就再往后数上10位、20位也不能算是最精确的。我演算了很多次,任何等腰直角三角形的一边与余边,都不能用一个精确的数字表示出来。"

这话像一声晴天霹雳,全船立即响起一阵怒吼:"你敢违背老师的理论,敢破坏我们学派的信条!敢不相信数字就是世界!"

希伯索斯这时十分冷静,说:"我这是个新的发现,就是老师也会奖赏我的。你们可以随时去验证。"

老师毕达哥拉斯听说了这件事情,气得火冒三丈。他认为这个新的数是"天外来客",希伯索斯是对自己理论的亵渎、挑战,于是下令把希伯索斯抓来活埋。

希伯索斯听说后心惊胆颤,连夜乘船进入地中海逃走。他最最担心的事情是后面的追兵。要是毕达哥拉斯发现他逃跑,一定会派人追来。不幸的是,希伯索斯的担心果然成了现实,希伯索斯被老师派去的学生抓住,投入了地中海……

但真理是不可战胜的。希腊人重视了希伯索斯的发现,并用反证法证明:

若设 $\dfrac{AC}{AB}=\dfrac{n}{m}$,$m$,$n$ 为不可通约的整数。

$$\dfrac{AC^2+BC^2}{AB^2}=2\cdot\dfrac{n^2}{m^2}$$

由勾股定理知

$$AC^2+BC^2=AB^2$$

即 $2\dfrac{n^2}{m^2}=1$

$m^2=2n^2$。

故 m^2 为偶数，m 也应为偶数。

设 $m=2k$，

则 $n^2=2k^2$

这又推出 n 应为偶数。这与 m，n 不可通约的假设矛盾。故等腰直角三角形斜边与直角边之比不能用两个整数的比来表示。

这就严格地证明了 $\sqrt{2}$ 是一个无理数。由于无理数的发现打破了毕达哥拉斯的信条，一度产生了思想上的混乱，出现了所谓的数学上的第一次危机。但是人们认识到：直觉、经验都不是绝对可靠的，还必需用严格的推理方法去逐一加以证明。这样就导致了欧几里得几何的产生。数学没有在危机前停滞，反而在克服危机的过程中大踏步前进了。

反证法

反证法也叫归谬法、背理法，属于间接证明法的一类，是从反面角度证明命题的一种证明方法，即从反论题入手，把命题结论的否定当作条件，然后利用这个条件进行推论，得到明显的错误结果，从而证明原假设不成立，原命题得证。如果结论的方面情况有多种，那么必须将所有的反面情况一一驳倒，才能推断原命题成立。

第一次数学危机的后果

无理数的发现引发了第一次数学危机，这次数学危机在公元前 370 年左右被给比例下新定义的方法解决了,在《几何原本》第三卷中给出的无理数的解释和现在基本一致。这场危机表明几何学的某些原理与算术无关,几何量不能完全由整数比来表示。反之,数却可以由几何量表示出来。从此以后,古希腊的数学观点受到几何学的极大冲击,几何学开始在古希腊数学中占重要的位置。同时也说明,直觉和经验不一定靠得住,而推理论证才是可靠的。于是希腊人由公理出发,经过演绎推理,建立了几何学体系,这是数学史上的一次巨大革命,也是第一次数学危机的自然产物。

测量长度以人体为基准

在测量长度的历史背后,有许多引人入胜的故事。各种测量方法明显反映出当时社会的需要;研究过去使用的测量方法,可以使我们更加了解今天使用的度量衡。

许多长度测量单位都是以人的身体为基准的,例如埃及人曾用下面的长度测量单位:

指幅(digit)=1根手指宽

掌宽(palm)=4指幅

手宽(hand)=5指幅

腕尺(cubit)=由肘至指尖的距离=28指幅

罗马人使用脚长及走一步的距离作为长度测量单位,后者是指脚跟从离开地面至下一次接触地面间的距离。罗马的哩相当于1000步,用来测量他们的军队行进了多远。

由于这些单位并不确定,因而有必要定出标准单位。12世纪,英国国王亨利一世下令用码作为长度单位,1码就是从他的鼻尖到拇指端的距离。后来爱德华一世又以一根铁棒的长度为标准码,并规定1码的1/3为1英尺。

(1)请把上述测量单位用在自己及朋友的身上,看看结果如何,并互相比较一下。平均是多少?测量值的偏差有多大?你的1000步与标准英里相差多大?

（2）《圣经》上用肘（即腕尺）来描述巨人歌利亚的高度（《撒母耳记》上篇）、诺亚方舟的大小（《创世记》）及洪水的深度（《创世记》）。《圣经》中许多其他的测量值也都是用肘表示的，如所罗门王各个宫殿的规模（《列王纪》上篇6及7）及约阿施拆毁耶路撒冷城墙的长度（《列王纪》下篇）。找出这些资料，并把它们转换成我们现在所用的单位，较容易了解其大小。如果你查阅《圣经》用语索引，可以找到很多利用腕尺的例子。

（3）人体的长度与今天的英制度量衡单位关系密切，1英寸与人的大拇指宽度有关，1英尺就是脚的长度，1码最初是表示手臂伸直时，由鼻尖到拇指端的长度。请对不同的人做这些测量并加以讨论。

实际上，这种以身体为基准的长度标准在我国也见于我国的史书记载，在远古时期，中国人便"布手知尺"、"身高为丈"、"迈步定亩"。古人中指中节之长被定义为"一寸"，直到现在，中医的针灸还沿用这个标准。

我国最早的长度标尺是安阳殷墟出土的商尺。这把骨尺由兽骨磨成，长17厘米，上面标刻着等长的10个单位。

到了春秋战国时期，各国诸侯各自定义自己领土内的长度标准。这个王的手掌，那个王的小腿，都纷纷派上用场，使得长度标准极为混乱，给国与国之间的交流造成了极大不便。到秦始皇统一度量衡时，王侯的身体部位才退出历史舞台。

随着科学的发展，人们对于测量精确度的要求愈来愈高，因此到了19世纪，铁棒就被特制的青铜棒所取代，而将青铜棒在华氏62°（约为16.7℃）时的长度定为1码。请以现在更为精确的科学术语来定义单位长度。

随着科学研究的不断深入，人们需要更多的长度单位，例如，天文学家使用"光年"来测量很遥远的距离。他们也用"天文单位"（AU）及"秒差距"（pc）做长度单位。请找出这些单位的定义，它们各相当于多少千米？

科学家用到很"大"的长度单位，他们有时候也要用到很"小"的长度单位。什么是埃（Å）？它们是用来测量什么的？

1790年前后，法国科学家首先提议使用公制。他们是如何定义米的？世界上许多国家都采用公制，公制取代了码、英尺、英寸的系统，究竟它有哪些优点？

下列单位各有多小？毫米、微米、纳米（毫微米）、皮米（微微米）、飞米（毫微微米）、阿米（微微微米）。

在英国还有许多很有趣的长度单位，有些已废弃不用，有些则一直还在使用中，例如：竿（rod）、杆（pole）、棍（perch）、浪（furlong）、链（chain）、里格（league）、呼（fathom）、厄尔（ell）等。今日还在使用的 1 竿，16 世纪的定义是：16 个人站在教堂外面排队，每人脚尖碰脚跟的总长度。

以固定模式行进时，距离有时也可以用时间来表示，如"步行两小时"的路程。

可以自行设计一套测量长度的系统，并说明如何用它来测量日常生活中各种物品的大小尺寸，以及很短和很长的距离。

度 量 衡

度量衡是在日常生活中用于计量物体长短、容积、轻重的统称。度量衡的发展大约始于父系氏族社会末期。度量衡单位最初都与人体相关，"布手知尺，布指知寸"、"一手之盛谓之溢，两手谓之掬"。《史记·夏本纪》中记载禹"身为度，称以出"，表明当时已经以名人为标准进行单位的统一，出现了最早的法定单位。秦始皇统一六国后，颁发统一度量衡诏书，并制定了一套严格的管理制度。

▶▶▶ 延伸阅读

用马屁股测量长度

在容积、重量、长度等标准中，长度标准的确定是最早的，也是最为随意的。

现代铁路的铁轨间距是 4 英尺 8 点 5 英寸，铁轨间距采用了电车轮距的标准，而电车轮距的标准则沿袭了马车的轮距标准。

马车的轮距为何是 4 英尺 8 点 5 英寸？原来，英国的马路辙迹的宽度是 4 英尺 8 点 5 英寸。如果马车改用其他尺寸的轮距，轮子很快就会在英国的老马路上撞坏。

英国马路的辙迹宽度又从何而来？这要上溯到古罗马时期。整个欧洲（包括英国）的老路都是罗马人为其军队铺设的，4 英尺 8 点 5 英寸正是罗马战车的宽度。

罗马战车的宽度又是怎么来的？答案很简单，它是牵引一辆战车的两匹马的屁股的总宽度。

也就是说马屁股的宽度决定了今天铁轨间的间距。

平面直角坐标系的创建

17 世纪之后，西方近代数学开始了一个在本质上全新的阶段。正如恩格斯所指出的，在这个阶段里"最重要的数学方法基本上被确立了；主要由笛卡儿确立了解析几何，由耐普尔确立了对数，由莱布尼茨，也许还有牛顿确立了微积分"，而"数学中的转折点是笛卡儿的变量。有了它，运动进入了数学，因而，辩证法进入了数学，因而微分和积分的运算也就立刻成为必要的了"。

笛卡儿 1596 年 3 月 31 日生于法国土伦省莱耳市的一个贵族之家。1616 年笛卡儿从普瓦捷大学结束学业后，便背离家庭的职业传统，开始探索人生之路。他投笔从戎，想借机游历欧洲，开阔眼界。

1621 年，笛卡儿结束军旅生活回国，时值法国内乱，于是他去荷兰、瑞士、意大利等地旅行。1625 年返回巴黎。1628 年，由巴黎移居荷兰，笛卡儿对哲学、数学、天文学、物理学、化学和生理学等领域进行了深入的研究，并通过数学家梅森神父与欧洲主要学者保持密切联系。他的主要著作几乎都是在

笛卡儿

荷兰完成的。

1637年,笛卡儿出版了他的著作《方法论》,该书有3个附录,其中之一名为《几何学》,解析几何的思想就包含在这个附录里。

笛卡儿在《方法论》中论述了正确的思想方法的重要性,表示要创造为实践服务的哲学。笛卡儿在分析了欧几里得几何学和代数学各自的缺点,表示要寻求一种包含这两门科学的优点而没有它们的缺点的方法。这种方法就是几何与代数的结合——解析几何。

对于创立这门学科的目的,笛卡儿这样说:"决心放弃那仅仅是抽象的几何。这就是说,不再去考虑那些仅仅是用来练习思想的问题。我这样做,是为了研究另一种几何,即目的在于解释自然现象的几何。"

有一天,笛卡儿生病卧床,但他头脑一直没有休息,在反复思考一个问题:几何图形是直观的,而代数方程则比较抽象,能不能用几何图形来表示方程呢?这里,关键是如何把组成几何的图形的点和满足方程的每一组"数"挂上钩。

笛卡儿拼命琢磨,通过什么样的办法、才能把"点"和"数"联系起来呢?突然,他看见屋顶角上的一只蜘蛛,拉着丝垂了下来,一会儿,蜘蛛又顺着丝爬上去,在上边左右拉丝。

这个蜘蛛的"表演",使笛卡儿思路豁然开朗。他想,可以把蜘蛛看做一个点,它在屋子里可以上、下、左、右运动,能不能把蜘蛛的每个位置用一组数确定下来呢?

他又想,屋子里相邻的两面墙与地面交出了3条线,如果把地面上的墙角作为起点,把交出来的3条线作为3根数轴,那么空间中任意一点的位置,不是都可以用这3根数轴上找到的有顺序的3个数来表示吗?反过来,任意给一组3个有顺序的数,例如3、2、1,也可以用空间中的一个点 P 来表示它们。

同样,用一组数(a,b)可以表示平面上的一个点,平面上的一个点也可以用一组两个有顺序的数来表示。

于是在蜘蛛的启示下,笛卡儿创建了直角坐标系。

无论这个传说的可能性如何,有一点是可以肯定的,就是笛卡儿是个勤于思考的人。这个有趣的传说,就像瓦特看到蒸汽冲开水壶盖发明了蒸汽机一样,说明笛卡儿在创建直角坐标系的过程中,很可能是受到周围一些事物的启发,触发了灵感。

直角坐标系的创建,在代数和几何上架起了一座桥梁。它使几何概念得以用代数的方法来描述,几何图形可以通过代数形式来表达,这样便可将先进的代数方法应用于几何学的研究。

笛卡儿在创建直角坐标系的基础上,创造了用代数方法来研究几何图形的数学分支——解析几何。

解析几何

解析几何也叫做坐标几何,是指借助坐标系,用代数方法研究集合对象之间的关系和性质的一门几何学分支。解析几何包括平面解析几何和立体解析几何两部分。解析几何的建立第一次真正实现了几何方法与代数方法的结合,使形与数统一起来,这是数学发展史上的一次重大突破。另外,解析几何的建立对于微积分的诞生亦有着不可估量的作用。

笛卡儿走上数学之路

在军队服役期间,一次笛卡儿在街上散步,偶然在路旁公告栏上,看到用佛莱芒语提出的数学问题征答。这引起了他的兴趣，并且让身旁的人，将他不懂的佛莱芒语翻译成拉丁语。这位身旁的人就是大他8岁的艾萨克·贝克曼。贝克曼在数学和物理学方面有很高的造诣，很快成为了他的心灵导师。

4个月后，他写信给贝克曼："你是将我从冷漠中唤醒的人……"并且告诉他，自己在数学上有了4个重大发现。

据说，笛卡儿曾在一个晚上做了3个奇特的梦。第一个梦是，笛卡儿被风暴吹到一个风力吹不到的地方；第二个梦是，他得到了打开自然宝库的钥匙；第三个梦是，他开辟了通向真正知识的道路。这3个奇特的梦增强了他创立新学说的信心。这一天是笛卡儿思想上的一个转折点，也有些学者把这一天定为解析几何的诞生日。

手摇计算器曲折问世

1623年帕斯卡出生在法国中部的克莱蒙市（现在的克莱蒙菲朗市）。帕斯卡从小聪明伶俐，虽然总是疾病缠身，可帕斯卡很小就开始了对数学知识的学习。当他连法文的拼音字母都还没有学全的时候，用来做数学符号的24个希腊字母他倒学得精熟。

帕斯卡12岁时，一天，他正用煤块在墙上写写画画。父亲感到好奇，忍不住看了一眼，发现儿子竟然独自推理出了"三角形的内角和等于两个直角"！

这令老帕斯卡高兴得流出了眼泪，他送给儿子一本欧几里得的著作《几何原本》。在接下来的两年里，帕斯卡经常被父亲带着，一起参加在巴黎耶稣会教士梅森家举行的科学讨论会。这个讨论会后来发展成法兰西科学院。在那里，年轻的帕斯卡与当时一流的数学家们进行了交流。

帕斯卡的父亲是一名皇家税务官员，这是一个整天要与数学、计算打交道的职业，虽然精于此道的父亲乐此不疲，但繁复的加减运算颇让他有些烦恼。已经成年的帕斯卡看在眼里，急在心上。他想，如果能有一台专门进行加减乘除运算的机械，用它来替代人工的计算，那该有多好啊！

帕斯卡发现，在物理学当中，有一种齿轮系传动现象。在这一现象当中，几个大小成一定比例的齿轮，通过齿对齿结合起来，当匀速转动其中任何一个齿轮时，就会带动其他几个齿轮以不同比例的速度均匀转动。而这一现象与数学的初级运算的过程、原理非常的相似。这一发现使帕斯卡大受鼓舞。

帕斯卡带领着一帮工人，花了几个月的时间好不容易造出了第一台机械模型，但是在实际检验过程中，计算效果却非常糟糕。

帕斯卡

但帕斯卡没有退缩，又整整干了2年。造出的模型不行，就改进；还不行，就重头再来。用他自己的话来说："总共造了50多种模型，所有的模型都不一样。"

帕斯卡不但负责设计，而且还亲自参加制造，选材料、做机器外壳、磨齿轮……冬去春来，功夫不负苦心人，1642年夏，帕斯卡的工作终于宣告成功。展现在人们面前的是一台精致、运算准确的手摇计算器。这台计算器，以手摇的方式来工作，在加减运算的过程中采用"十进位制"，通过各连接数位之间的转轮和插销来实现进位，可以进行六位数的计算。

帕斯卡把它献给了父亲，而为了使更多的人能够从繁复的数学计算中解脱出来，他为自己的发明申请了专利，开始了批量生产。遗憾的是，由于这种计算器成本太高，价格昂贵，其实用价值并没能在社会上普遍运用和推广开来。

然而，计算器的成功制造毕竟是人类科技史上的一件了不起的大事。它的出现，第一次以机器代替了人繁重的脑力劳动，为数学问题的解决找到了物理学的工具。而其内在的原理、思想更是开启了人们关于数学与物理学互相借重的新思维，标志了近现代计算技术的开端。

知识点

《几何原本》

《几何原本》是古希腊大数学家欧几里得所著的一部数学著作,成书于公元前300年左右。在书中,他系统地总结了古埃及的几何知识、古希腊的几何学成果,把原来十分分散的几何知识,用形式逻辑的方法给出了,从而建立了一套从公理、定义出发,论证命题成立得到定理,并运用已证明过的定理导出结果的几何学论证模式。正是欧几里得的总结和提炼,使几何学这一重要学科几乎达到完美的程度。

《几何原本》共13卷,467个命题,23个定义,5条公设,5条公理。内容涉及平面几何、几何数论、几何代数、立体几何等。

延伸阅读

帕斯卡是概率论的创始人

早在1654年,有一个赌徒梅勒向当时的数学家帕斯卡提出了一个使他苦恼了很久的问题:"两个赌徒相约赌若干局,谁先赢 m 局就算获胜,全部赌本就归胜者。但是当其中一个人甲赢了 a ($a<m$) 局,另一个人乙赢了 b ($b<n$) 局的时候,赌博中止,问赌本应当如何分配才算合理?"帕斯卡和费尔玛用各自不同的方法解决了这个问题。

试以 $m=3$,$a=2$,$b=1$ 来说明帕斯卡的方法,帕斯卡分析说,按条件甲乙赢了两局,若再掷一次,则甲或者获全胜或与乙持平,此时平分赌金是公平的。把这种情况平均一下,甲应得 $\frac{1}{2}+\frac{1}{2} \cdot \frac{1}{2}=\frac{3}{4}$,乙得 $(1-\frac{3}{4})=\frac{1}{4}$。

虽然早在16世纪，意大利有一些人，已经从数学角度研究过赌博问题，但都未能得出问题的正确的解答。毕竟概率论概念的要旨，在于对未发生事件的一种估计或评价，只是在费尔玛和帕斯卡的讨论中明显体现，所以说概率论的创始人是帕斯卡和费尔马。

常用数学符号的起源、发展

"+"号和"—"号

从小学起，我们就和"+""—"这两个符号打交道了。但人们认识和运用这两个符号，却有一段漫长的历史。

公元前2000年的古巴比伦人遗留下来的泥版和公元前1700年古埃及人的阿摩斯纸草中，就有了加法和减法的记载。

在埃及尼罗河里，长着像芦苇似的水生植物，它的阔大的叶子像一张张结实的纸，后人称之为阿摩斯纸草。在这些纸草上，用一个人走近的形状"︿"表示加法，比如"1 ︿ 2"代表"1+2"的意思；用一个人走开的形状"﹀"表示减法，比如"2 ﹀ 1"代表"2−1"的意思。

古希腊人的办法更高明一点儿，他们用两个数衔接在一起的形式代表加法。例如用"$3\frac{1}{4}$"表示"$3+\frac{1}{4}$"；用两个数中间拉开一段距离的形式代表减法，例如用"$3\ \frac{1}{4}$"表示"$3-\frac{1}{4}$"。

古希腊的丢番图以两数并列表示相加，亦以一斜线"／"及曲线"⌒"分别做加号和减号使用。古印度人一般不用加号，只有在公元3世纪的巴赫沙里残简中以"yu"做加及"+"做减。

14～16世纪欧洲文艺复兴时期，欧洲人用过拉丁文 plus（相加）的第一个字母"P"代表加号，比如"3P5"代表"3+5"的意思；用拉丁文 minus（相减）的第一个字母"m"代表减号，比如"5m3"代表"5−3"的意思。

中世纪以后，欧洲商业逐渐发展起来。传说当时卖酒的人，用线条"－"记录酒桶里的酒卖了多少。在把新酒灌入大桶时，就将线条"－"勾销变成为"＋"号，灌回多少酒就勾销多少条。商人在装货的箱子上画一个"＋"号表示超重，画一个"－"号表示重量不足。久而久之，符号"＋"给人以相加的形象，"－"号给人以相减的形象。

当时德国有个数学家叫魏德曼，他非常勤奋好学，整天废寝忘食地搞计算，很想引入一种表示加减运算的符号。魏德曼巧妙地借用了当时商业中流行的"＋"和"－"号。1489 年，在他的著作《简算和速算》一书中写道：

在横线"－"上添加一条竖线来表示相加的意思，把符号"＋"叫做加号；从加号里拿掉一条竖线表示相减的意思，把符号"－"叫做减号。

法国数学家韦达对魏德曼采用的加号、减号的记法很感兴趣，在计算中经常使用这两个符号。所以在 1630 年以后，"＋"和"－"号在计算中已经是屡见不鲜了。

此外，英国首个使用这两个符号（1557 年）的是雷科德，而荷兰则于 1637 年引入这两个符号，同时亦传入其他欧洲大陆国家，后渐流行于全世界。

"＞"和"＜"符号

现实世界中的同类量，如长度与长度，时间与时间之间，有相等关系，也有不等关系。我们知道，相等关系可以用"＝"表示，不等关系用什么符号来表示呢？

为了寻求一套表示"大于"或"小于"的符号，数学家们绞尽了脑汁。

1629 年，法国数学家日腊尔在他的《代数教程》中，用象征的符号"ff"表示"大于"，用符号"$\S$"表示"小于"。例如 A 大于 B 记作"$A\,ff\,B$"，A 小于 B 记作"$A\,\S\,B$"。

1631 年，英国数学家哈里奥特首先创用符号"＞"表示"大于"，"＜"表示"小于"，这就是现在通用的大于号和小于号。例如 $5>3$，$-2<0$，$a>b$，$m<n$。

与哈里奥特同时代的数学家们也创造了一些表示大小关系的符号。例如，

1631年，数学家奥乌列德曾采用"⊐"代表"大于"；用"⊏"代表"小于"。

1634年，法国数学家厄里贡在他写的《数学教程》里，引用了很不简便的符号，表示不等关系，例如：

$a>b$ 用符号"$a3 \mid 2b$"表示；

$b<a$ 用符号"$62 \mid 3a$"表示。

因为这些不等号书写起来十分烦琐，很快就被淘汰了。只有哈里奥特创用的">"和"<"符号，在数学中广为传用。

有的数学著作里也用符号"≫"表示"远大于"，其含义是表示"一个量比另一个量要大得多"；用符号"≪"表示"远小于"，其含义是表示"一个量比另一个量要小得多"。例如，$a \gg b$，$c \ll d$。

至近代，">"及"<"分别表示大于及小于的符号，逐渐被统一及广泛采用。并以"≯""≮"及"≠"来表示为大于、小于及等于的否定号。

分数符号

分数分别产生于测量及计算过程中。在测量过程中，它是整体或一个单位的一部分；而在计算过程中，当两个数（整数）相除而除不尽的时候，便得到分数。

其实很早已有分数的产生，各个文明古国的文化也记载有关分数的知识。古埃及人、古巴比伦人也已有分数记号，至于古希腊人则用 L'' 表示 $\frac{1}{2}$，例如：$\alpha L''=1\frac{1}{2}$，$\beta L''=2\frac{1}{2}$，及 $\gamma L''=3\frac{1}{2}$ 等。至于在数字的右上角加一撇点"′"，便表示该数分之一。

至于我国，很早就已采用了分数，世上最早的分数研究出现于《九章算术》，在《九章算术》中，系统地讨论了分数及其运算。（《九章算术》"方田"章"大广田术"指出："分母各乘其余，分子从之。"这正式地给出了分母与分子的概念）。而古代中国的分数记数法，分别有两种，其中一种是汉字记法，与现在的汉字记数法一样："…分之…"。而另一种是筹算记法：

用筹算来计算除法时,当中的"商"在上,"实"(即被除数)列在中间,而"法"(即除数)在下,完成整个除法时,中间的实可能会有余数,如图所示,即表示分数 $64\frac{38}{483}$。在公元 3 世纪,中国人就用了这种记法来表示分数了。

古印度人的分数记法与我国的筹算记法是很相似的,例如 $\frac{1}{3}=\frac{1}{3}$,$\frac{1}{\begin{array}{c}1\\3\end{array}}=1\frac{1}{3}$。

在公元 12 世纪,阿拉伯人海塞尔最先采用分数线。他以 $\dfrac{2+\dfrac{3+\frac{3}{5}}{8}}{9}$ 来表示 $\frac{332}{589}$。而斐波那契是最早把分数线引入欧洲的人。至 15 世纪后,才被逐渐形成现代的分数算法。在 1530 年,德国人鲁多尔夫在计算 $\frac{2}{3}+\frac{3}{4}$ 的时候,以 $\dfrac{\frac{8}{2}\quad\frac{9}{3}}{12}\frac{}{4}$ 计算得 $\frac{17}{12}$,到后来才逐渐地采用现在的分数形式。

1845 年,德摩根在他的一篇文章"函数计算"中提出以斜线"/"来表示分数线。由于把分数 $\frac{b}{a}$ 以 a/b 来表示,有利于印刷排版,故现在有些印刷书籍也有采用这种斜线"/"代表分数线。

小数符号

我国是最早采用小数的国家。早在公元 3 世纪,三国时期魏国数学家刘徽注《九章算术》的时候，已指出在开方不尽的情况下，可以十进分数（小数）表示。在元朝刘瑾（约1300年）所著的《律吕成书》中更把现今的106368.6312之小数部分降低一行来记，可谓是世界最早之小数表达法。

除我国外，较早采用小数的便是阿拉伯人卡西。他以十进分数（小数）计算出 π 的17位有效数值。

至于欧洲，法国人佩洛斯于1492年，首次在他出版之算术书中以点"."表示小数。但他的原意是：两数相除时，若除数为10的倍数，如 123456÷600，先以点把末两位数分开再除以6，即 1234.56÷6，这样虽是为了方便除法，不过已确有小数之意。

到了1585年，比利时人斯蒂文首次明确地阐述了小数的理论，他把32.57记作 3257⓪①② 或 32⓪5①7②。而首个如现代般明确地以"."表示小数的人则是德国人克拉维乌斯。他于1593年在自己的数学著作中以 46.5 表示 $46^1/_2 = 46^5/_{10}$。这个表示法很快就为人所接受，但具体之用法还有很大差别。如1603年德国天文学家拜尔以 8⌣798 表示现在的 8.00798，以 14.3761 表示现在的 14.00003761，以 123.⁰4.ⁱ5.ⁱⁱ9.ⁱⁱⁱ8.ⁱᵛ7.ᵛ2 或 123.⁰459.ⁱᵛ872 表示 123.459872。

苏格兰数学家纳泊尔于1617年更明确地采用现代小数符号，如以 25.803 表示为 $25^{803}/_{1000}$，后来这用法日渐普遍。40年后，荷兰人斯霍滕明确地以","（逗号）做小数点。他分别记 58.5 及 638.32 为 58,5① 及 638,32②，及后除掉表示的最后之位数①、②等，且日渐通用，而其他用法也一直有用。直至19世纪末，还有以 2'5, 2°5, 2‛5, 2⌊5, 2▲5, 2.5, 2,5 等表示2.5。

现代小数点的使用大体可分为欧洲大陆派（德、法、俄等国）及英美派两大派系。前者以","做小数点，"."做乘号；后者以"."做小数点，以","做分节号（三位为一节）。大陆派不用分节号。我国向来采用英美派记法，但近年已不用分节号了。

零号

零是位值制记数法的产物。我们现在使用的印度－阿拉伯数字，就是用十进位值制记数法的了。例如要表示 203，2300 这样的数，没有零号的话，便无法表达出来，因此零号有显著的用途。

世界上最早采用十进位值制记数法的是中国人，但是长期没有采用专门表示零的符号，这是由于中国语言文字上的特点。除了个位数外，还有十、百、千、万位数。因此 230 可说成"二百三"（三前常加"有"），意思十分明确，而 203 可说成"二百零三"，这里的"零"是"零头"的意思，这就更不怕混淆了。

除此之外，由于古代中国很早（不晚于公元前 5 世纪）就普遍地采用算筹作为基本的计算工具。在筹算数字中，是以空位来表示零的。由于中国数字是一字一音、一字一格的，从一到九的数字亦是一数一字，所以在书写的时候，一格代表一个数，一个空格即代表一个零，两个空格即代表两个零，十分明确。

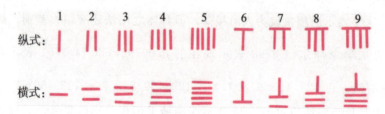

我国古代把竹筹摆成不同的形状，表示一到九的数字。

记数的方法是个位用纵式，十位用横式，百位用纵式，千位用横式，依此类推。用上面 9 个数字纵横相间排列，能够表示出任意一个数。

例如"123"这个数可摆成：❙ ═ ❙❙❙。但是，"206"这个数，就不能摆成：❙❙ ⊥，这样就是"26"了。这时必须在中间空一位，摆成：❙❙ ⊥。这里的空位，就是产生 0 的萌芽。

公元前 4 世纪时，人们用在筹算盘上留下空位的办法来表示零。不过这仅仅是一个空位而已，并没有什么实在的符号，容易使人产生误解。后来人们就用"空"字代替空位，如把 206 摆成：❙❙ 空 ⊥。然而用空字代表零，在数字运算中，和纵横相间的算筹交织在一起，很不协调，于是又用"□"表示零。

例如南宋蔡沈著的《律吕新书》中，曾把 104976 记作"十□四千九百七十六"。用"□"表示零，标志着用符号表示零的新阶段。

但他们常用的行书，很容易把方块画成圆圈，所以后来便以〇来表示零，而且逐渐成了定例。这种记数法最早在金《大明历》中已采用，例如以"四百〇三"表示 403，后渐通用。

但是，中国古代的零是圆圈〇，并不是现代常用的扁圆 0。希腊的托勒密是最早采用这种扁圆 0 号的人，由于古希腊数字是没有位值制的，因此零并不是十分迫切的需要，但当时用于角度上的 60 进位制（源自巴比伦人，沿用至今），很明确的以扁圆 0 号表示空位，例如 $\overline{\mu\alpha o}\ \overline{\iota\eta}$ 代表 41°0′18″。后来印度人的"0"号，可能是受其影响。

在印度，也是很早就已使用十进位值制记数法。他们最初也是用空格来表示空位，如 37 即是 307，但这一方法在表达上并不明确，因此他们便以小点以表示空位，如 3.7，即是 307。在公元 876 年，在格温特（Gwalior，印度城市）地方的一个石碑上，发现了最早以扁圆 0 作为零号的记载。印度人是首先把零作为一个数字使用的。后来，印度数字传入阿拉伯，并发展现今我们所用的印度-阿拉伯数字，而在 1202 年，意大利数学家斐波那契把这种数字（包括 0）传入欧洲，并逐渐流行于全世界。印度-阿拉伯数字（包括 0）在中国的普遍使用是 20 世纪的事了。此外，其他古代民族对零的认识及零的符号也作出了一定的贡献。如巴比伦人创作了 60 进位值制记数法。并在公元前 2 世纪已采用 作为零号。而美洲玛雅人亦于公元前创立了 20 进位值制记数法，并以 作为零号。

知识点

古巴比伦

古巴比伦位于今天的伊拉克一带，是人们已知的历史最悠久的古代东方国家之一，它与中国、古埃及、古印度一并称为"四大文明古国"。古巴比伦文明是两河流域文明的重要组成部分，历史上分古巴比伦王国和新巴比伦王国。

巴比伦意即"神之门"。公元前19世纪中，由阿摩利人灭掉苏美尔人的乌尔第三王朝，建立了以巴比伦城为首都的古巴比伦王国。而新巴比伦王国由迦勒底人建立，迦勒底人是闪米特人的一支。迦勒底人领袖那波帕拉萨灭掉统治两河流域的亚述帝国，建立了新巴比伦王国。

延伸阅读

常见数学符号的种类

常见的数学符号有以下一些种类：

（1）数量符号：如：i，2＋i，a，x，自然对数底 e，圆周率 π。

（2）运算符号：如：加（＋）减（－）乘（×或·）除（÷或/）。

（3）关系符号：如："＝"是等号，"≈"是近似符号，"≠"是不等号，"＞"是大于符号，"＜"是小于符号。

（4）结合符号：如：小括号"（）"、中括号"[ ]"、大括号"{ }"。

（5）性质符号：如：正号"＋"，负号"－"，绝对值符号"| |"。

（6）省略符号：如三角形（△），正弦（sin），余弦（cos），x 的函数（$f(x)$）。

趣味盎然的数学算题

从最早的石块、贝壳和结绳记数开始，到现在的用电子计算机计数，数学在循序渐进中不断发展与完善。数学算题作为数学最初的一个大类别，在数学中有着举足轻重的地位，如今，更是渗透到各个学科领域。数学算题有其内在的独特的规律，掌握了这些独特的内在规律，数学算题就不再是枯燥乏味，马拉松式的计算了，而是颇有趣味的数学算题游戏了。

算算天有多高

古时候，人们生活在大自然中，当抬头仰望天空时，自然产生了天有多高，地有多大的遐想。百思不解，于是借助于神灵，盘古开天辟地的神话产生了。

相传，天地原来是混沌一团像个大鸡蛋。不知过了多少年，产生了一位神仙盘古，他用斧头把天地一劈两半。从此，天日高一丈，地日厚一丈，盘古日长一丈，如此万千年，盘古的身子每天长高一丈，天就长高一丈，盘古多高，天就多高。

这样的回答太玄了，回答不了人们的疑问，于是产生了天文测量学。我国是最早应用三角知识进行天文观测的国家。在古代数学巨著《周髀算经》中记载了关于测量天高的"荣方和陈子"的对话。

周朝时候，有个叫荣方的人请教学者陈老先生。他问陈子："听说先生掌握了商高创造的数学机理，能够知道太阳有多么高，日光所照的范围有多广。天上的星，离我们有多远，用商高的方法都能算出来，对吗？"陈老先生回答："是的。"荣方说："我一点儿也不明白，先生能够把这种方法教给我吗？"陈老先生说："当然可以，但是这种方法，没有什么深奥，用你会的数学知识就可以解决。你自己回去想想吧。"荣方回到家中，一连想了好几天，饭也吃不下，还是想不出来，又去求教陈老先生。陈子听罢哈哈一笑说："这不过是望远起高之术，有何难矣！"说罢，扬长而去，荣方又回去苦思冥想，一无所获。陈老先生见荣方实在想不出来了，这才告诉他利用直尺三角形的特征，去测量天高的方法：

在首都周城（现洛阳）立 8 尺高的竿，在中午测竿影的长 6 尺，又在北方距离 2000 里的地方立同样的竿子，测得它的影长是 6 尺 2 寸。用相似形的原理就可求出太阳离地面的高是 80008 里。

当然陈子测天高（天高指日高）的结果，和实际的太阳和地的距离相差很远，不是方法有错，而是他把大地看做是平面而产生的测量错误。然而陈子的方法却是一大发明，他摆脱了直接测量的束缚，在时间上，陈子和塔利斯同时，但塔利斯测量的是金字塔，而陈子、商高测量的却是广阔的天地，这是值得我们为自己的祖先自豪的。

知识点

《周髀算经》

《周髀算经》又名《周髀》，是算经十书之一，约成书于公元前 1 世纪。《周髀算经》也是我国最古老的天文学著作，主要阐明当时的盖天说和四分历法。《周髀算经》在数学上的主要成就是介绍了勾股定理及其在测量上的应用以及怎样引用到天文计算中。

> 延伸阅读

"测量"地球周长

公元前3世纪，古希腊有位数学家叫埃拉托斯芬，他第一次"测量"了地球的周长。

埃拉托斯芬生活在亚历山大城里，在这座城市正南方的785千米处，另有一座城市叫塞尼。塞尼城中有一个非常有趣的现象，每年夏至那天的中午12点，阳光都能直接射入城中一口枯井的底部。亚历山大城与塞尼城几乎处于同一子午线上。同一时刻，亚历山大城却没有这样的景象。一个夏至日的正午，埃拉托斯芬在城里竖起一根小木棍，动手测量天顶方向与太阳光线之间的夹角，测出这个夹角是7.2°，这个角度等于360°的1/50。

亚历山大与塞尼城相距792.5千米，根据圆心角定理，所以，亚历山大城和塞尼城距离的那段圆弧的长度，应该等于圆周长度的1/50。也就是说，亚历山大城与塞尼城的实际距离，正好等于地球周长的1/50。埃拉托斯芬的计算结果是：地球的周长为39250千米，这与地球实际的周长40005千米相当接近。

千奇百怪的数

形数

毕达哥拉斯很有数学天赋，他不仅知道把数划分为奇数、偶数、质数、合数，还把自然数分成了亲和数、亏数、完全数等等。他分类的方法很奇特。其中，最有趣的是"形数"。

什么是形数呢？毕达哥拉斯研究数的概念时，喜欢把数描绘成沙滩上的小石子，小石子能够摆成不同的几何图形，于是就产生一系列的形数。

毕达哥拉斯发现，当小石子的数目是1、3、6、10等数时，小石子都能摆成正三角形，他把这些数叫做三角形数；当小石子的数目是1、4、9、16等数时，小石子都能摆成正方形，他把这些数叫做正方形数；当小石子的数目是1、5、12、22等数时，小石子都能摆成正五边形，他把这些数叫做五边形数……

这样一来，抽象的自然数就有了生动的形象，寻找它们之间的规律也就容易多了。不难看出，头4个三角形数都是一些连续自然数的和。3是第二个三角形数，它等于1＋2；6是第三个三角形数，它等于1＋2＋3；10是第四个三角形数，它等于1＋2＋3＋4。

看到这里，人们很自然地就会生发出一个猜想：第五个三角形数应该等于1＋2＋3＋4＋5，第六个三角形数应该等于1＋2＋3＋4＋5＋6，第七个三角形数应该等于……

这个猜想对不对呢？

由于自然数有了"形状"，验证这个猜想费不了什么事。只要拿15个或者21个小石子出来摆一下，很快就会发现：它们都能摆成正三角形，都是三角形数，而且正好就是第五个和第六个三角形数。

就这样，毕达哥拉斯借助生动的几何直观图形，很快发现了自然数的一个规律：连续自然数的和都是三角形数。如果用字母n表示最后一个加数，那么$1＋2＋…＋n$的和也是一个三角形数，而且正好就是第n个三角形数。

毕达哥拉斯还发现，第n个正方形数等于n^2，第n个五边形数等于$n(3n-1)/2$……根据这些规律，人们就可以写出很多很多的形数。

不过，毕达哥拉斯并未因此而满足。譬如三角形数，需要一个数一个数地相加，才能算出一个新的三角形数，毕达哥拉斯认为这太麻烦了，于是着手去寻找一种简捷的计算方法。经过深入探索自然数的内在规律，他又发现，$1＋2＋…＋n＝\frac{1}{2}×n×(n＋1)$。

这是一个重要的数学公式，有了它，计算连续自然数的和可就方便多了。

例如，要计算一堆堆成三角形的电线杆数目，用不着一一去数，只要知道它有多少层就行了。如果它有 7 层，只要用 7 代替公式中的 n，就能算出这堆电线杆的数目。

就这样，毕达哥拉斯还发现了许多有趣的数学定理。而且。这些定理都能以纯几何的方法来证明。

亲和数

人和人之间讲友情，有趣的是，数与数之间也有相类似的关系，数学家把一对存在特殊关系的数称为"亲和数"。

遥远的古代，人们发现某些自然数之间有特殊的关系：如果两个数 a 和 b，a 的所有真因数之和等于 b，b 的所有真因数之和等于 a，则称 a，b 是一对亲和数。

毕达哥拉斯首先发现 220 与 284 就是一对亲和数，在以后的 1500 年间，世界上有很多数学家致力于探寻亲和数，面对茫茫数海，无疑是大海捞针，虽经一代又一代人的穷思苦想，有些人甚至为此耗尽毕生心血，却始终没有收获。

公元 9 世纪，伊拉克哲学、医学、天文学和物理学家泰比特·依本库拉曾提出过一个求亲和数的法则，因为他的公式比较繁杂，难以实际操作，再加上难以辨别真假，所以没有被业界认可。

16 世纪，有人认为自然数里就仅有这一对亲和数。还有一些人给亲和数抹上迷信色彩或者增添神秘感，编出了许许多多神话故事。还宣传这对亲和数在魔术、法术、占星术和占卜上都有重要作用等等。

距离第一对亲和数诞生 2500 多年以后，历史的车轮转到 17 世纪，1636 年，法国"业余数学家之王"费马找到第二对亲和数 17296 和 18416，重新点燃了寻找亲和数的火炬，在黑暗中找到了光明。

两年之后，"解析几何之父"——法国数学家笛卡儿于 1638 年 3 月 31 日也宣布找到了第三对亲和数 9437506 和 9363584。

费马和笛卡儿在两年的时间里，打破了 2000 多年的沉寂，激起了数学界重新寻找亲和数的波涛。

在17世纪以后的岁月，许多数学家投身到寻找新的亲和数的行列，他们企图用灵感与枯燥的计算发现新大陆。可是，无情的事实使他们醒悟到，已经陷入了一座数学迷宫，不可能出现法国人的辉煌了。

正当数学家们真的感到绝望的时候，平地又起了一声惊雷。1747年，年仅39岁的瑞士数学家欧拉竟向全世界宣布：他找到了30对亲和数，后来又扩展到60对，不仅列出了亲和数的数表，而且还公布了全部运算过程。

欧拉采用了新的方法，将亲和数划分为5种类型加以讨论。欧拉超人的数学思维，解开了令人止步2500多年的难题，使数学家拍案叫绝。

时间又过了120年，到了1867年，意大利有一个爱动脑筋，勤于计算的16岁中学生白格黑尼，竟然发现数学大师欧拉的疏漏——让眼皮下的一对较小的亲和数1184和1210溜掉了。这戏剧性的发现使数学家如痴如醉。

在以后的半个世纪的时间里，人们在前人的基础上，不断更新方法，陆陆续续又找到了许多对亲和数。到了1923年，数学家麦达其和叶维勒汇总前人研究成果与自己的研究所得，发表了1095对亲和数，其中最大的数有25位。同年，另一个荷兰数学家里勒找到了一对有152位数的亲和数。

在找到的这些亲和数中，人们发现，亲和数被发现的个数越来越少，数位越来越大。同时，数学家还发现，若一对亲和数的数值越大，则这两个数之比越接近于1，这是亲和数所具有的规律吗？

电子计算机诞生以后，结束了笔算寻找亲和数的历史。有人在计算机上对所有100万以下的数逐一进行了检验，总共找到了42对亲和数，发现10万以下数中仅有13对亲和数。

人们还发现每一对奇亲和数中都有3，5，7作为素因数。1968年波尔·布拉得利和约翰·迈凯提出：所有奇亲和数都是能够被3整除的。

1988年巴蒂亚托和博霍利用电子计算机找到了不能被3整除的奇亲和数，从而推翻了布拉得利的猜想。他找到了15对都不能被3整除的奇亲和数，它们都是36位大数。作为一个未解决的问题，巴蒂亚托等希望有人能找到最小的数。

另一个问题是是否存在一对奇亲和数中有一个数不能被 3 整除。

还有一个欧拉提出的问题，是否存在一对亲和数，其中有一个是奇数，另一个是偶数？因为现在发现的所有奇偶亲和数要么都是偶数，要么都是奇数。

对称数

文学作品有"回文诗"，如"山连海来海连山"，不论你顺读，还是逆过来读，它都完全一样。有趣的是，数学王国中，也有类似于"回文"的对称数！先看下面的算式：

$$11 \times 11 = 121$$
$$111 \times 111 = 12321$$
$$1111 \times 1111 = 1234321$$
……

由此推论下去，12345678987654321 这个十七位数，是由哪两数相乘得到的，也便不言而喻了。

瞧，这些数的排列多么像一列士兵，由低到高，再由高到低，整齐有序。还有一些数，如：9461649，虽高低交错，却也左右对称。假如以中间的一个数为对称轴，数字的排列方式，简直就是个对称图形了！因此，这类数被称做"对称数"。

对称数排列有序，整齐美观，形象动人。

那么，怎样能够得到对称数呢？

经研究，除了上述 11、111、1111……自乘的积是对称数外，把某些自然数与它的逆序数相加，得出的和再与和的逆序数相加，连续进行下去，也可得到对称数。

如：475

```
    475           1049          10450
  + 574         + 9401        + 05401
  ─────         ──────        ──────
   1049          10450          15851
```

15851 便是对称数。

再如：7234

$$7234 + 4327 = 11561$$
$$11561 + 16511 = 28072$$
$$28072 + 27082 = 55154$$
$$55154 + 45155 = 100309$$
$$100309 + 903001 = 1003310$$
$$1003310 + 0133001 = 1136311$$

对称数也出现了：1136311。

对称数还有一些独特的性质：

1. 任意一个数位是偶数的对称数，都能被11整除。如：

$$77 \div 11 = 7 \quad 1001 \div 11 = 91$$
$$5445 \div 11 = 495 \quad 310013 \div 11 = 28183$$

2. 两个由相同数字组成的对称数，它们的差必定是81的倍数。如：

$$9779 - 7997 = 1782 = 81 \times 22$$
$$43234 - 34243 = 8991 = 81 \times 111$$
$$63136 - 36163 = 26973 = 81 \times 333$$

圣经数

153被称做"圣经数"。

这个美妙的名称出自圣经《新约全书》约翰福音第21章。其中写道：耶稣对他们说："把刚才打的鱼拿几条来。"西门·彼得就去把网拉到岸上。那网网满了大鱼，共153条；鱼虽这样多，网却没有破。

奇妙的是，153具有一些有趣的性质。153是1～17连续自然数的和，即：

$$1 + 2 + 3 + \cdots + 17 = 153$$

任写一个3的倍数的数，把各位数字的立方相加，得出和，再把和的各位数字立方后相加，如此反复进行，最后则必然出现圣经数。

例如：24是3的倍数，按照上述规则，进行变换的过程是：

$$24 \rightarrow 2^3 + 4^3 \rightarrow 72 \rightarrow 7^3 + 2^3 \rightarrow 351 \rightarrow 3^3 + 5^3 + 1^3 \rightarrow 153$$

圣经数出现了！

再如：123是3的倍数，变换过程是：

$123 \to 1^3+2^3+3^3 \to 36 \to 3^3+6^3 \to 243 \to 2^3+4^3+3^3 \to 99 \to 9^3+9^3 \to 1458 \to$
$1^3+4^3+5^3+8^3 \to 702 \to 7^3+2^3 \to 351 \to 3^3+5^3+1^3 \to 153$

圣经数这一奇妙的性质是以色列人科恩发现的。英国学者奥皮亚奈，对此作了证明。《美国数学月刊》对有关问题还进行了深入的探讨。

魔术数

有一些数字，只要把它接写在任一个自然数的末尾，那么，原数就如同着了魔似的，它连同接写的数所组成的新数，就必定能够被这个接写的数整除。因而，把接写上去的数称为"魔术数"。

我们已经知道，一位数中的1，2，5是魔术数。1是魔术数是一目了然的，因为任何数除以1仍得任何数。

用2试试：

12，22，32，…，112，172，…，7132，9012，…这些数，都能被2整除，因为它们都被2粘上了！

用5试试：

15，25，35，…，115，135，…，3015，7175，…同样，任何一个数，只要末尾粘上了5，它就必须能被5整除。

有趣的是：一位的魔术数1，2，5，恰是10的约数中所有的一位数。

两位的魔术数有10，20，25，50，恰是100（10^2）的约数中所有的两位数。

三位的魔术数，恰是1000（10^3）的约数中所有的三位数，即：100，125，200，250，500。

四位的魔术数，恰是10000（10^4）的约数中所有的四位数，即1000，1250，2000，2500，5000。

那么n位魔术数应是哪些呢？由上面各题可推知，应是10^n的约数中所有的n位约数。四位、五位直至n位魔术数，它们都只有5个。

神奇的零

可以说，自然数是从表示"有"多少的需要中产生的。在实践中还常常遇到没有物体的情况。例如：盘子里一个苹果也没有。为了表示"没有"，就产生了一个新的数"零"。

"零"是一个数，记作"0"，"0"是整数，但不是自然数，它比所有的自然数都小。"0"作为一个单独的数，不仅可以表示"没有"，而且是一个有完全确定意义的数，是一个起着很多重要作用的数。具体作用有：

（1）表示数的某位上没有单位，起到占位的作用。例如：103.04，表示十位和十分位上一个单位也没有。0.10为近似数时，表示精确到百分位。5.00元表示特别的单价是5元整。

（2）表示某些数量的界限。例如在数轴上0是正数与负数的界限。"0"既不是正数，也不是负数。在摄氏温度计上"0"是零上温度与零下温度的分界。

（3）表示温度。在通常情况下水结冰的温度为摄氏"0"度。说今天的气温为零度，并不是指今天没有温度。

（4）表示起点。如在刻度尺上，刻度的起点为"0"。从甲城到乙城的公路上，靠近路边竖有里程碑，每隔1千米竖一个，开始第一个桩子上刻的是"0"，表明这是这段公路的起点。

在四则运算中，零有着特殊的性质。

（1）任何数与0相加都得原来的数。例如：$9+0=9$，$0+32=32$。

（2）任何数减去0都得原来的数。例如：$9-0=9$，$58-0=58$。

（3）相同的两个数相减，差等于0。例如：$5-5=0$，$756-756=0$。

（4）任何数与0相乘，积等于0。例如：$5×0=0$，$0×98=0$

（5）0除以任何自然数，商都等于0。例如：$0÷5=0$，$0÷768=0$。因此0是任意自然数的倍数。

（6）0不能做除数。因为任何自然数除以零，都得不到准确的商。例如：$5÷0$，找不到一个数与0相乘可以得5。零除以零时有无数个商，因为任何数与0相乘都能得到0，所以像$5÷0$、$0÷0$都无意义。

亏　数

亏数也叫缺数，是指在数论中，若一个正整数除了本身外之所有因子之和比此数自身小的数。根据定义，所有质数均为亏数。

延伸阅读

在没有"0"之前

符号"0"起源于古印度，早在公元前2000年，印度一些古文献便有使用"0"的记载。在古印度，"0"读作"苏涅亚"，表示"空的位置"的意思。可见，古印度人把一个数中缺位的数字称为"苏涅亚"。之后"0"这个数从印度传入阿拉伯，阿拉伯人把它翻译成"契弗尔"，仍然表示"空位"的意思。后来，又从阿拉伯传入欧洲。直到现在，英文的"cipher"仍为"0"的含义。

我国古代没有"0"这个数码。当遇到有表示"0"的意思时，也遵照很多国家和民族的通用办法，采用"不写"或"空位"的办法来解决。如把118098记作"十一万八千□九十八"，把104976记作"十□万四千九百七十六"。可见，当时是用"□"表示空位的。后来，为了书写方便，便将"□"形顺笔改作"○"形，进而成为表示"0"的数码。根据史料记载，到南宋时期，当时的一些数学家已开始使用"0"来表示数字的空位了。

数学格言算题

托尔斯泰的分数

俄国大文豪托尔斯泰在谈到人的评价时,把人比做一个分数。他说:"一个人就好像一个分数,他的实际才能好比分子,而他对自己的估价好比分母。分母越大,则分数的值就越小。"

雷巴柯夫的常数与变数

俄国历史学家雷巴柯夫在利用时间方面是这样说的:"时间是个常数,但对勤奋者来说,是个'变数'。用'分'来计算时间的人比用'小时'来计算时间的人时间多59倍。"

爱迪生的加号

大发明家爱迪生在谈到天才时用一个加号来描述,他说:"天才=1%的灵感+99%的血汗。"

季米特洛夫的正负号

著名的国际工人运动活动家季米特洛夫在评价一天的工作时说:"要利用时间,思考一下一天之中做了些什么,是'正号'还是'负号',倘若是'+',则进步;倘若是'-',就得吸取教训,采取措施。"

王菊珍的百分数

我国科学家王菊珍对待实验失败有句格言,叫做"干下去还有50%成功的希望,不干便是100%的失败"。

华罗庚的减号

我国著名数学家华罗庚在谈到学习与探索时指出:"在学习中要敢于做减法,就是减去前人已经解决的部分,看看还有哪些问题没有解决,需要我们去探索解决。"

常 数

数学常数是指一个数值不变的常量,与之相对的是变量。数学常数通常是实数或复数域的元素,可以被称为是可定义的数字,而且通常都是可计算的。

延伸阅读

芝诺的"圆"

芝诺是意大利哲学家和数学家,生活在古代希腊的埃利亚城邦。"芝诺悖论"为世人所知,被亚里士多德誉为辩证法的发明人。他有一段关于学习的格言十分有名,是这样说的:

"如果用小圆代表你们学到的知识,用大圆代表我学到的知识,那么大圆的面积是多一点儿,但两圆之外的空白都是我们的无知面。圆越大其圆周接触的无知面就越多。"

裁纸中的计算题

万东和李安两位同学一起来到书店,要购买一本《趣味数学》,他们在翻看书的出版时间时，偶尔发现了书上标有"开本 787×1092 1/32"的字样，不解其意。回校后他们去问数学老师于老师，于老师笑着说："这是裁纸中的数学。"

"裁纸就是裁纸，这与数学有什么相干？"两位同学更加糊涂了。

"你们别着急，让我慢慢讲么！"于老师耐心地说下去，"787（毫米）和1092（毫米）是表示一张纸的宽和长，符合这个规格的一张纸叫做一整张。"于老师边说边在黑板上画了一个矩形表示一整张纸，教室里来听"讲座"的人也越来越多了。

"把这张纸沿长度方向对折起来裁开，就得到两张大小一样的纸，从长、宽和大小上来讲，我们就叫它2开纸。如果再把2开纸沿长度方向对折裁开，就得到4开纸了。依上法，继续对折裁开，就可以得到8开、16开、32开、64开等等。"于老师在黑板上画出了一连串大大小小的矩形，并标上了它们的相应开数，接着说，"所谓开数是一张矩形纸的大小规格，多少开的纸，就是指这张小矩形纸是原整张纸的多少分之一。书上标的1/32，就是指一张纸的1/32大小，即32开。书刊的规格不同，常见的杂志多是16开本，我们的课本多是32开本。"于老师稍停了一下，同学们在小声地议论着，万东和李安同学又发现了一个新问题，向老师问道：

"如果我们知道了128开的一张纸，您能说出它是一张纸裁了几次而得来的吗？"

同学们的讨论声立刻大了起来，但于老师并不急于回答这个问题，有的同学主动站出来回答："128次！"引起了轰堂大笑。于老师用点拨的方法讲：

"我们把裁纸的规格列出来，2开，4开，8开，16开，32开，64开，128开……。然后把这些数值用2的幂的形式表示出来，2^1，2^2，2^3，2^4，2^5，2^6，2^7……大家根据裁纸的过程和所得小纸的开数，你们能有什么发现？"于老师把话停下来，让同学们思考，还是万东和李安同学抢先回答：

"裁纸的次数就等于2的正整数幂的指数。128开，就是因为$2^7=128$，所以共裁了7次。"于老师和同学们都一致同意万东和李安的回答。

开 本

开本指书刊幅面的规格大小，即一张全开的印刷用纸裁切成多少页。常见的有32开（多用于一般书籍）、16开（多用于杂志）、64开（多用于中小型字典、连环画）。

延伸阅读

纸张的特殊裁切法

通常情况下，纸张是按照2的倍数裁切的，但也有特殊情况。当纸张不按2的倍数裁切时，其按各小张横竖方向的开纸法又可分为正切法、叉开法和混合开纸法。

正开法是指全张纸按单一方向的开法，即一律竖开或者一律横开的方法。

叉开法是指全张纸横竖搭配的开法，叉开法通常用在正开法裁纸有困难的情况下。

混合开纸法又称套开法和不规则开纸法，即将全张纸裁切成两种以上幅面尺寸的小纸。混合开纸法的优点是能充分利用纸张的幅面尽可能使用纸张。

规律数字算题

"1"的盛会

37＋37＋37＝111

瞧，37连加三次，和便是111。全是1。

是不是只有37，连加后所得的和形成"1"字大聚会？不是。

将8547、15873、12345679分别连加，看看它们的和各是多少？

解：8547＋8547＋…＋8547＝111111，需要连加13个，便出现6个"1"聚会。

15873＋15873＋…＋15873＝111111，连加7个，便有6个"1"聚会。

12345679＋12345679＋…＋12345679＝111111111，连加9个，便有9次"1"出现在面前。

"3"的盛会

在100以内，所有含数字3的自然数都加起来，和的末位数字是什么？

在100以内，个位数字是3的共有10个数：3，13，23，33，43，…，93。这10个数相加，和的末位数字是0。

在100以内，十位数字是3的也有10个数：30，31，32，33，34，…，39。但是其中的33已在个位是3的情形里考虑过，所以只需考虑剩下的9个数，它们的个位数字相加，得到

0＋1＋2＋4＋5＋6＋7＋8＋9＝42，所以这9数之和的末位数字是2。

把以上两组数再相加，总和的个位数字是0＋2＝2。

所以，在100以内，所有含数字3的19个自然数都加起来，和的末位数字是2。

缺8数计算

有一个特别的数，可以用"有八无八"4个字来描写它。

"有八"，是说这个数有八位数字；"无八"，是说从数字1到数字9顺次出场，其中唯独没有数字"8"。

"有"和"无"结合，可知这个数是

12345679。

这个数的妙处，可以从下面的等式里看出：

12345679×9＝111111111。

原来的数很有规律，乘过9以后，得到的数更有规律，变成9个1了。

刚开始学习用珠算或笔算做乘法时，老师和学生都喜欢下面一组练习题：

12345679×9＝111111111，

12345679×18＝222222222，

12345679×27＝333333333，

12345679×36＝444444444，

12345679×45＝555555555，

12345679×54＝666666666，

12345679×63＝777777777，

12345679×72＝888888888，

12345679×81＝999999999。

这些题目的被乘数和乘数都很容易记住，乘积更容易记住。反复做这几题，用不着抄题目，也无需对答案，非常方便。

"9"的盛会

在数学上，数字"9"有很多有趣的性质。例如，如果一个数的各位数字都是9，那么它的平方就会出现一种循环：

9^2＝81，8＋1＝9；

99^2＝9801，98＋01＝99；

999^2＝998001，998＋001＝999；

9999^2＝99980001，9998＋0001＝9999；

……

在上面这些等式中，把平方的结果分成左右两半，再把这两部分相加，所得的和正好等于原数。

如果把平方换成立方，会出现什么情况呢？试试看。

9^3＝729，7＋2＝9；

99^3＝970299，97＋02＝99；

999^3＝997002999，997＋002＝999。

下面一个轮到 9999^3 了。不做运算，能够猜出得数来吗？按照以上三个式子类推，似乎应该是

$9999^3 = 999700029999$，$9997 + 0002 = 9999$。

当然这只是一个猜想，究竟对不对，还要实际算下来才知道。利用上面的平方的结果，可以很快算出结果如下：

$$9999^3 = 9999^2 \times 9999$$
$$= 99980001 \times 9999$$
$$= (99980000 + 1) \times 9999$$
$$= 9998 \times 10000 \times 9999 + 9999$$
$$= (9999^2 - 9999) \times 10000 + 9999$$
$$= (99980001 - 9999) \times 10000 + 9999$$
$$= 99970002 \times 10000 + 9999$$
$$= 999700029999。$$

计算结果与猜想一致，可见猜想正确。

关于 666 的计算

用珠算做加法练习，常做的一道题目是

$1 + 2 + 3 + 4 + \cdots + 36 = ?$

为什么从 1 加到 36，而不是加到 30 或 50，或者其他整数呢？这是因为从 1 加到 36 的得数容易记住，等于 666：

$1 + 2 + 3 + 4 + \cdots + 36 = 666$。

666 还有一些其他美妙性质，例如

$(6 + 6 + 6) + (6^3 + 6^3 + 6^3) = 666$。

上面这个等式表明，666 等于它的各位数字的和加上各位数字的立方和。

666 与它的各位数字之和的平方也有关系：

$(6+6+6)^2 + (6+6+6)^2 + (6+6+6) = 666$。

下面的等式提供了 666 与前面 6 个自然数的联系：

$1^3 + 2^3 + 3^3 + 4^3 + 5^3 + 6^3 + 5^3 + 4^3 + 3^3 + 2^3 + 1^3 = 666$。

一个更有趣的等式是

$2^2+3^2+5^2+7^2+11^2+13^2+17^2=666$。

式中的数 2、3、5、7、11、13、17 都是质数，而且是前面 7 个质数。由此可见，666 等于前 7 个质数的平方和。

质　数

质数又称素数，指在一个大于 1 的自然数中，除了 1 和这个自然数自身外，不能被其他自然数整除的数。比 1 大但不是素数的数称为合数。1 和 0 既非素数也非合数。质数是合数的基础，没有质数就没有合数。

延伸阅读

9 与生日计算

大物理学家爱因斯坦出生在 1879 年 3 月 14 日，把这些数字连在一起，就成了 1879314。重新排列这些数字，任意构成一个不同的数（例如 3714819），在这两个数中，用大的减去小的（这个例子是 3714819－1879314＝1835505）得到一个差数。把差数的各个数字加起来，如果是二位数，就再把它的两个数字加起来，最后的结果是 9（即 1+8+3+5+5+0+5=27，2+7=9）。实际上，把任何人的生日写出来，做同样的计算，最后得到的都是 9。

把一个大数的各位数字相加得到一个和，再把这个和的各位数字相加又得到一个和，这样继续下去，直到最后的数字之和是一位数字为止。最后这个数称为最初那个数的"数字根"。这个数字根等于原数除以 9 的余数，这个过程常称为"弃九法"。求一个数的数字根,最快的方法是加原数的数字时把9舍去。例如求385916的数字根,其中有9,且3+6,8+1都是9,就可以舍去,最后剩下就是原数的数字根。

由此我们可以解释生日算法的奥妙。假定一个数n由很多数字组成,把n的各个数字打乱重排到n',显然n和n'有相同的数字根,即$n-n'$一定是9的倍数,它的数字根是0或9,所以,只要$n \neq n'$,$n-n'$累积求数字和所得的结果就一定是9。

趣味填数

填二填三

能不能在下图的各个小圆圈里分别填写数字2或3,使得每个大圆圈上4个数的和各不相同?

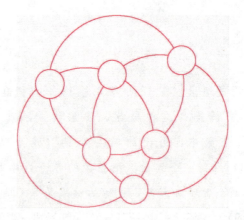

如果有一个大圆圈上4个数全填2,那么另外两个大圆圈上4个数的和一定相等,不满足问题要求。所以每个大圆圈上都不能把4个数全填成2。

同理,也不能有任何一个大圆圈上4个数都填3。

由此可见,要能满足问题的要求,必须在一个大圆圈上填一个2和三个

3，另一个大圆圈上填两个 2 和两个 3，还有一个大圆圈上填三个 2 和一个 3。

按照这个方案试填，得到下图，完全满足要求。

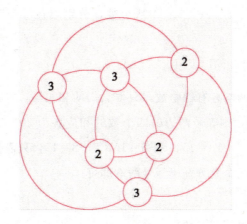

找规律填数

猜猜看，下面的括号里应该填什么数？

2，4，7，11，16，( )

这类填数问题，在游戏、智力测验和数学竞赛里都常遇到。填数之前，先要找出原来各数的排列规律。

试求每相邻两数之间的差，顺次得到 2，3，4，5。

这样就看出规律来：后一个差总是比前面相邻的差增加 1。所以，往排尾后面再添一个差，应该是 6。

由此可见，括号里应该填的数，是 16＋6＝22。

换一个类似的游戏试试。

下面的括号里应该填什么数？

3，5，9，17，33，65，( )

试求每相邻两数之间的差，顺次得到 2，4，8，16，32。

由此看出规律：后一个差总是前面相邻差的 2 倍。所以，往排尾后面再添一个差，应该是 64。

由此可见，括号里应该填的数，是 65＋64＝129。

填数得等式

把 4、5、6、7、8、9、10、11 八个数，分别填在等号两端的□里，使等式成立。

□＋□＋□＋□＝□＋□＋□＋□

解：因为等号两端各有四个数，只要它们的和相等，等式便能成立。题中八个数的总和是 60，则等号两边的四个数的和应各为 30。这八个数还有如下特点：4＋11＝15，5＋10＝15，9＋6＝15，7＋8＝15，只需把这四组数两两一组，或将每一组的两个数分开于等号两端即可。

因此，填法有：

(1) 4＋11＋5＋10＝9＋6＋7＋8

(2) 4＋11＋6＋9＝5＋10＋7＋8

(3) 4＋11＋7＋8＝6＋9＋5＋10

在下面的算式里，共有 10 个空白方框。把 0，1，2，…，9 这 10 个不同数字全部填进去，使每个数字各自占据一个方框（"各据一方"），并且得到三个正确等式，应该怎样填？

□＋□＝□，

□＋□＝□，

□×□＝□□。

容易验证，下面的填法完全满足要求：

1＋7＝8，

3＋6＝9，

4×5＝20。

怎么知道能这样填？有没有其他不同填法呢？

由于 10 个方框里的数字各不相同，0 又不能做二位数的首位数字，所以 0 只能填在第三个等式里的最后一个方框，作为二位数的末位数字。

由此推出，第三式的左边一定有一个方框里填5，另一个填写偶数非零数字，可能是2、4、6、8中的某一个，并且所填的这个偶数数字的一半，恰好等于等号右边乘积的十位数字。

0和5已经有了确定的位置，剩下的数字是1、2、3、4、6、7、8、9。要把这八个数字分成三组，前两组各有三个数字，并且其中最大的等于另两个的和；最后一组包含两个数字，其中一个等于另一个的两倍。不考虑顺序，唯一可能的分组方法是：

(1, 7, 8)，(3, 6, 9)，(2, 4)。

这样就得到上面写出的填法。

两个加法算式可以互相交换位置，加号和乘号前后的两个数可以交换位置，这些简单变形可以不加区别。在这种意义上，本题只有唯一的答案。

从上面这道题，可以变化出一道新题。

减法是加法的逆运算。从一个加法算式

$3+6=9$，

可以得到两个减法算式

$9-3=6$，$9-6=3$。

所以，知道怎样解答上面这道题目，也就会解答从它变形得到的下面的问题：

把0，1，2，⋯，9这10个不同数字全部填进下面的空格，使每个数字各占一格，并且得到三个正确等式，应该怎样填？

□＋□＝□，

□－□＝□，

□×□＝□□。

变形以后的题目，有加、有减、有乘，变化更多，答案也从1个变成4个了。

知识点

逆运算

设 A 是一个非空集合，对于 A 中的任意两个元素 a，b，根据某种法则使 A 中有唯一确定的元素 c 与它们对应，我们就说这个法则是 A 中的一种运算。这样，给了 A 的任意两个元素 a 和 b，通过所给的运算，可以得到一个结果 c。反过来，如果已知元素 c，以及元素 a，b 中的一个，按照某种法则，可以得到另一个元素，这样的运算就被称为原来运算的逆运算。

延伸阅读

要找准规律方能填对数

实际上，绝大多数的填数都是有规律可循的，只有找准了规律，按照规律才能填入正确的数。对初级阶段的学生而言，要运用数的顺序和加减乘除的知识，通过仔细观察，根据同组数排列的顺序和前后、上下之间的相互联系，多方面考察，以发现它们之间内在的联系。找到了内在的联系，就可以按照联系填入数字了。

填符号得等式

一二三四五

怎样用五个数字 1、2、3、4、5 和适当的数学符号，分别得到 10、20、40 和 80？

下面对每种得数写出了一种解法：

$(1+2+3-4)\times 5=10$，

$(1+2-3+4)\times 5=20$，

$(12\div 3+4)\times 5=40$，

$12\div 3\times 4\times 5=80$。

其中，在得数为 80 的等式中，只用了除法和乘法两种运算。

请问，在用 1、2、3、4、5 和数学符号得到 10 的时候，能否也只用两种运算呢？

回答是"能"。因为可以写出下面的等式，其中只用乘法和减法：

$(1\times 2\times 3-4)\times 5=10$。

事实上，前三个自然数 1、2、3 有一个有趣的性质：

$1+2+3=1\times 2\times 3$，

所以，把原来在 1、2、3 之间的两个加号同时换成两个乘号，结果不变。

四个 4

用四个 4 和适当的数学符号，可以分别得到 1、2、3、4、5、6、7、8、9、10。例如：

$4\div 4+4-4=1$，

$4\div 4+4\div 4=2$，

$(4+4+4)\div 4=3$，

$4+4\times(4-4)=4$，

$(4\times 4+4)\div 4=5$，

$(4+4)\div 4+4=6$，

$4+4-4\div 4=7$，

$4+4+4-4=8$，

$4\div 4+4+4=9$，

$(44-4)\div 4=10$。

仔细观察上面 10 个等式，就会发现它们是分别按照几种不同思路组成的。

这一方面是为了适当变化，增加趣味，另一方面也由于只用一种思路不能解决全部问题。

让它等于9

在下列各式的左边添进适当的数学符号，使等号两边相等。

3 2 1＝9，
4 3 2 1＝9，
5 4 3 2 1＝9，
6 5 4 3 2 1＝9，
7 6 5 4 3 2 1＝9，
8 7 6 5 4 3 2 1＝9，
9 8 7 6 5 4 3 2 1＝9。

可用的办法很多，下面是一组参考答案。

$3 \times (2+1) = 9$，
$4+3+2 \times 1 = 9$，
$54 \div 3 \div 2 \div 1 = 9$，
$(6+54) \div 3 \div 2 - 1 = 9$，
$(76+5) \div (4 \times 3 - 2 - 1) = 9$，
$(87-6-54) \div 3 \times (2-1) = 9$，
$(98 \div 7 - 6) \times 5 \div 4 - 3 + 2 \times 1 = 9$。

九前八后

老师在黑板上写了一道奇怪的等式，让大家思考。
老师写在黑板上的式子是
1 2 3 4 5 6 7 9 8＝100。
其中，等号右边是100，左边是从1到9，但是8和9的位置对调，9在前，8在后。式子下面还写了加、减、乘、除符号。题目的要求是，不改变数字排列顺序，在左边适当添上一些运算符号也可以加括号，使它变成正确的等式。

一种最容易想到的思考方法是从近处往远处联想。原式左边最靠近答数100的是98，因此只要用前面的1至7运算得出2，就能满足要求。从这条路想下去，得到等式

12÷3＋4－5＋6－7＋98＝100。

另一种常用思考方法是从远处向近处靠拢。观察左边数字串123456798的开头部分，截取最前三位123，它与答数100比较接近。从123再设法向100靠拢，得到算式

123＋45－67－9＋8＝100。

九九二千

人们常说"九九八十一"，这是一句乘法口诀。

在特定的情形下，也可以说"九九二千"，因为这句话概括了一道数学题：用9个9和适当的数学符号组成算式，使计算结果等于2000。

可以先用6个9组成两个数999、999，两数相加，比2000还差2，只需用剩下的3个9得到2就行了。由此得到等式

999＋999＋(9＋9)÷9＝2000。

能不能把"九九二千"换成"八九二千"？

就是说，能否用8个9和适当的数学符号组成算式，使计算结果等于2000呢？

可以从其中的3个9得到2，从另外5个9得到1000，组成下面的等式：

(999＋9÷9)×[(9＋9)÷9]＝2000。

数学符号

数学符号是数学专用的特殊符号，是一种含义高度概括、形体高度浓缩的抽象的科学语言，产生于数学概念、演算、公式、命题、推理和逻辑关系

等整个数学过程中。为使数学思维过程更加准确、概括、简明、直观和易于揭示数学对象的本质而形成的特殊的数学语言。我们现在用的数学符号，特别是代数符号，主要采用的是韦达之后的数学家笛卡儿改进后的数学符号。他提出，英文字母中最后的 X, Y, Z 表示未知量，用最初的字母表示 a, b, c 表示已知量。

延伸阅读

填符号得最大值

下面是一类特殊的填符号得等式的形式，其特殊性表现在不单是要求填符号，而且还有另外的要求，那就是使得结果最大。

下面的式子里，共有5个6，在每两个相邻的6的中间都有一个空框：

6□6□6□6□6。

把加、减、乘、除四个运算符号分别填进这四个空框，要使运算得数最大，应该怎样填？

因为四种算术运算都有，要使结果最大，只需使减去的数目最小。所以可采用下面的填法：

$6 \times 6 + 6 - 6 \div 6 = 41$。

按照原来的题意，只能填加减乘除符号，并且四个符号全要填，不能另添括号。如果允许添括号，可以得到更大的运算结果，例如

$6 \times (6 + 6) - 6 \div 6 = 71$。

整除运算的奥妙

能被3、9、11整除的数

一个整数，判断它能否被3和9整除，一个简单的办法是：把它的各位数

字相加，其和是3或9的倍数，那么这个数便可以被3或9整除。如4782各位数字之和是4+7+8+2=21，21能被3整除，但不能被9整除。而762813各位数字之和是7+6+2+8+1+3=27，可以被9整除，这表明它是9的倍数。

判断一个整数能否被11整除，就相对难一些了。如果一个整数，它的奇位数字之和与偶位数字之和的差是11的倍数，便能被11整除，否则便不能被11整除。如198、2573、364925，由（1+8）−9=0；（5+3）−（2+7）=−1；（6+9+5）−（3+4+2）=11，这说明198和364925能被11整除；而2573则不能被11整除。如若不信，你不妨试一试，看是否如此。

能被2和5整除的数

一个数的末一位数能被2和5整除，这个数就能被2和5整除。具体地说，个位上是0、2、4、6、8的数，都能被2整除。个位上是0或是5的数，都能被5整除。

例如：128、64、30的个位分别是8、4、0，这3个数都能被2整除。281、165、79的个位分别是1、5、9，那么这3个数都不能被2整除。

在上面的6个数中，30和165的个位分别是0和5，这两个数能被5整除，其他各数均不能被5整除。

能被4和25整除的数

一个数的末两位数能被4或25整除，这个数就能被4或25整除。具体地说，一个数的末两位数是0，或是4的倍数这个数就是4的倍数，能被4整除。一个数的末两位数是0或是25的倍数，这个数就是25的倍数，能被25整除。

例如：324，4200，675，三个数中，324的末两位数是24，24是4的倍数，所以324能被4整除。675的末两位数是75，75是25的倍数，所以675能被25整除。4200的末两位数都是0，所以4200既能被4整除，又能被25整除。

能被8和125整除的数

一个数的末三位数能被8或125整除，这个数就能被8或125整除。具体地说，一个数的末三位数是0或是8的倍数，就能被8整除；一个数的末三位数是0或是125的倍数，就能被125整除。

例如：2168、32000、1875，3个数中，2168的末三位数是168，168是8的倍数，所以2168能被8整除。1875的末三位数是875，875是125的倍数，所以1875能被125整除。32000的末三位数都是0，所以32000既能被8整除，又能被125整除。

能被7和13整除的数

一个数末三位数字所表示的数与末三位以前的数字所表示的数的差（以大减小），能被7、13整除，这个数就能被7、13整除。例如：128114，由于128－114＝14，14是7的倍数，所以128114能被7整除。94146，由于146－94＝52，52是13的倍数，所以94146能被13整除。

整　除

整除就是若整数"a"除以大于0的整数"b"，商为整数，且余数为零，就说a能被b整除，或者说b能整除a。整除有如下性质。（1）如果a与b都能被c整除，那么$a+b$与$a-b$也能被c整除。（2）如果a能被b整除，c是任意整数，那么积ac也能被b整除。（3）如果a同时被b与c整除，并且b与c互质，那么a一定能被积bc整除。反过来也成立。

整除与除尽的区别

整除与除尽既有区别又有联系。除尽是指数a除以数b（b不能为0）所得的商是整数或有限小数而余数是零时,就可以说 a 能被 b 除尽,或者说 b 能除尽 a,因此整除与除尽二者的区别是,整除要求被除数、除数以及商都是整数,而余数是零。除尽并不局限于整数范围内,被除数、除数以及商可以是整数,也可以是有限小数,只要余数是零就可以了。

马拉松式的计算

圆的周长同直径的比值,一般用 π 来表示,人们称之为圆周率。在数学史上,许多数学家都力图找出它的精确值。约从公元前 2 世纪,一直到今天,人们发现它仍然是一个无限不循环的小数。因此,人们称它为科学史上的"马拉松"。

关于 π 的值,最早见于中国古书《周髀算经》的"周三径一"的记载。

东汉张衡取 π=3.1466。第一个用正确方法计算 π 值的,要算我国魏晋之际的杰出数学家刘徽,他创立了割圆术,用圆内接正多边形的边数无限增加时,其面积接近于圆面积的方法,一直算到正 192 边形,算得 π=3.141243072,又继续求得圆内接正 3072 边形时,得出更精确的 π=3.1416。

割圆术为圆周率的研究奠定了坚实可靠的理论基础,在数学史上占有十分重要的地位。

随后,我国古代数学家祖冲之又发展了刘徽的方法,一直算到圆内接正 24576 边形,3.1415926＜π＜3.1415927,使中国对 π 值的计算领

祖冲之

先了国外1000年。

17世纪以前，各国对圆周率的研究工作仍限于利用圆内接和外切正多边形来进行。1427年伊朗数学家阿尔·卡西把π值精确计算到小数16位，打破祖冲之千年的记录。1596年荷兰数学家鲁多夫计算到35位小数，当他去世以后，人们把他算出的π数值刻在他的墓碑上，永远纪念着他的贡献（而这块墓碑也标志着研究π的一个历史阶段的结束，欲求π的更精确的值，需另辟途径）。

17世纪以后，随着微积分的出现，人们便利用级数来求π值，1873年算至707位小数，1948年算至808位，创分析方法计算圆周率的最高记录。

1973年，法国数学家纪劳德和波叶，采用7600CDC型电子计算机，将π值算到100万位，此后不久，美国的科诺思又将π值推进到150万位。1990年美国数学家采用新的计算方法，算得π值到4.8亿位。1999年日本东京大学教授金田康正已求到π的2061.5843亿位的小数值。如果将这些数字打印在A4大小的复印纸上，令每页印2万位数字，那么，这些纸摞起来将高达五六百米。

早在1761年，德国数学家兰伯特已证明了π是一个无理数。将π计算到这种程度，没有太多的实用价值，但对其计算方法的研究，却有一定的理论意义，对其他方面的数学研究有很大的启发和推动作用。

张　衡

张衡（78～139），南阳西鄂（今河南南阳市石桥镇）人，为我国东汉时期伟大的天文学家、数学家、发明家、地理学家。在天文、地理方面的成就最大，正确地解释了月食的成因，创制了世界上第一架能比较准确地表演天象的漏水转浑天仪；第一架测试地震的仪器——候风地动仪，著有科学、哲学和文学著作32篇，其中天文著作有《灵宪》和《灵宪图》等。为了纪念张衡的功绩，联合国天文组织将月球背面的一个环形山命名为"张衡环形山"，将小行星1802命名为"张衡星"。

延伸阅读

圆周率计算史上的小插曲

在计算圆周率的曲折道路上，一些人花费大量的精力，希望求得更精确的近似值，以便名扬天下。英国有位叫向克斯的青年，出于一种虚荣心，决心要创造计算π近似值的新记录。其实，把π近似值算到多少多少位，并没有什么实用价值，更何况，到了向克斯那个时代，圆周率的循环与不循环的问题已经有了定论，继续把圆周率往下算已没有什么理论价值了。

向克斯夜以继日地攻关，他也用毕生的精力进行π近似值的计算，终于在1873年公布了707位的新记录，一时确实轰动了全世界。

多年之后，有一个名叫法格逊的数学家对向克斯的计算结果提出了异议。法格逊是一位头脑清醒的学者，他把向克斯算的结果的前608位数字作了一次统计，发现"3"出现了68次，"9"和"2"各出现了67次，"4"出现了64次，"1"和"6"出现了62次，"0"出现了60次，"8"出现了58次，"5"出现了56次，"7"只出现了44次。法格逊认为在这么长的一串数字中，各个数字出现的机会应该是均等的，不会对某一两个数字有"偏爱"，也不会对另一两个数字有所"歧视"。向克斯的计算各数字出现的次数相差这么大，这表明计算结果可能有问题。后人经过认真的检查，果然发现向克斯在第528位上产生了一个错误，原来第528位上应该是"4"，可是向克斯误作"5"。由于这一位之差，后面的100多位数字都错了。可这100多位数字，花了向克斯多少年的时间啊！

根据树龄算地震年代

地震对人类生命财产的危害极大。为了研究地震的活动规律，进行预测预报地震等地质灾害，需要了解某地的地震史情况。有一种"最大树龄法"可以根据树木年轮来确定古地震发生的年代。

在正常情况下，树木每年生成一个年轮。一般来说，一棵树的主干基部的年轮数目，就是这棵树的年龄大小。由主干基部向着枝冠方向发展，年轮的数目逐渐减少。

树木年轮生长的宽窄与气温降雨量等因素紧密相关。这就是说，气温适宜，雨量充沛，树木生长就快，年轮宽度就宽；反之，树木生长就慢，年轮宽度就窄。在局部地区生长的树木，若受到地震、泥石流、滑坡等自然因素影响时，树木的年轮宽度也随之发生相应的变化。

树的年轮

生长在古地震断裂面上的树木，是在古地震断裂形成之后才开始生长发育起来的树木，而这种树木的最大树龄就相当于古地震形成的年代。一般可以通过所取树干基部年轮圆盘面就可直接判读出年轮的数值，以确定古地震发生的年代。也可以通过以下数学公式来推算古地震发生的年代：

$$J = S/2\pi P$$

式中，J 表示古地震形成距离现在的年数，P 为被测树木年轮年平均生长宽度，S 为被测树木最大直径的树干基部的周长。

例如，1982年，从我国西藏当雄北一带古地震断裂面上生长的香柏树中，取出其中的一棵，测得它的 $P=0.22$ 毫米，$S=800$ 厘米，则可算得

$J = S/2\pi P$

$= 800/2 \times 3.14 \times 0.22$

$= 579$（年）

据这个地区有关地震史料的记载，在1411年前后，该地区确实发生过8级左右的强烈地震，两者相当吻合。

研究结果表明，利用树木年轮研究和确定几十年、数百年甚至千年以上的古气候变迁、古地震发生年代，比运用其他方法具有简便、经济、可靠等优点。可以相信，随着研究的深入，人们将从树木年轮中开发出更多的科学信息。

年轮

年轮指鱼类等生长过程中在鳞片、耳石、鳃盖骨和脊椎骨等上面所形成的特殊排列的年周期环状轮圈，也指树木在一年内生长所产生的一个层，它出现在横断面上好像一个或几个轮，根据轮纹，可推测树木年龄，所以称为年轮，年轮是一些同心圆轮纹。

地震对树木的干扰影响研究

1964年3月,美国阿拉斯加曾发生过一次大地震。萨克林角地区距离这次地震的震中有240千米的距离。除受到地震的摇动以外,萨克林角地区被抬升了4米左右。这些干扰因素使得生长在海边的西特加云杉向南发生了倾斜,部分树木暴露出了根部。科学家通过采集这些树木的样芯,来判定地震干扰对树木生长的影响。同时,研究者还采集了附近萨克林山上未受地震干扰的云杉的树芯,以便于与受地震干扰的树木年轮样本进行对比分析。结果显示,在受干扰的树木年轮样本里,南侧方向上的样芯自1964年以来呈现明显的生长下降,并形成应压木(松柏类植物的茎或枝条在抵抗迫使它们倾斜或弯曲的重力作用下形成的木材),北侧的样芯没有表现出明显的受干扰的迹象。东西方向的样芯自1964年以来均出现生长减缓。这说明,地震导致树木发生倾斜,并在不同方位上对树木的生长产生不一致的影响。对照树木的样芯没有在1964年出现生长下降现象。树木年轮中所记录的这些信息说明,受地震影响而发生南向倾斜的树木,其南向生长的确明显受到了影响,而且这一影响持续了十几年。

质因数与数字密码设置

11111这个数很容易记住。如果在需要设置密码时,选用11111,别人不知道,自己忘不掉,可以考虑。

但是,如果这个密码很重要,万一被人家发现这个密码,人家过目不忘,那岂不是很糟糕。

可以采用双重加密。通常看见11111这个数,从它由5个1组成,容易联想到"五个手指"、"五星红旗""五湖四海"等等。但是一般不太容易想到把它分解质因数。这个数可以分解成两个质因数的乘积：11111＝41×271。

这两个质因数都比较大，不是一眼就能看得出来的。把两个质因数连写，成为41271，作为第二层次的密码，可以再加一道密，争取一些时间，以便采取补救措施。

如果担心破解密码的人也会想到分解质因数，可以加大分解的难度。把两个质因数取得大些，分解起来就会困难得多。例如，从质数表上可以查到，8861和9973都是质数。把它们相乘，得到

8861×9973＝88370753。

把乘积88370753作为第一密码，构成第一道防线；把两个质因数连写，成为88619973，作为第二密码，这第二道防线就不是一般窃贼能破解的了。即使想到尝试把88370753分解质因数，即使利用电子计算器帮助做除法，如果手头没有详细的质数表，逐个试除上去，等不及试除到1000，就可能丧失信心，半途而废。

用以上这套简单办法，每个人都很容易编出只有自己知道的双重密码。

如果利用电子计算机，把一个不很大的数分解成质因数的乘积，是很容易的。但是如果这个数太大，计算量超出通常微机的能力范围，就使电脑也望尘莫及了。

1977年，曾经有三位科学家和电脑专家设计了一个世界上最难破解的密码锁，他们估计人类要想解开他们的密码，需要40个1000亿年。他们这样做，是要向政府和商界表明，利用长长的数字密码，可以保护储存在电脑数据库里的绝密资料，例如可口可乐配方、核武器方程式等。

他们编制密码的原则，基本上就是上面介绍的分解质因数的办法，不过他们的数取得很大很大很大，不是五位数11111或八位数88370753，而是一个127位的数，使当时的任何电脑都望洋兴叹。

当然，编制密码锁的三位专家里夫斯特、沙美尔和艾德尔曼没有想到，科学会发展得这样快。仅仅过了17年，经过世界五大洲600位专家利用1600部电脑，并且借助电脑网络，埋头苦干8个月，终于攻克了这个号称千亿年难破

的超级密码锁。结果发现,藏在密码锁下的,是这样一句话:"魔咒是神经质的秃鹰"。

密码锁下锁着什么,并不重要,重要的是这个密码锁非常非常难开。打开密码锁得到什么,也不重要,重要的是能够战胜很难很难克服的困难。

电脑网络的普及,使每一位用户只要坐在家里按按键盘,就能查阅世界各地电脑向网络提供的有用资料。但是也要注意保护好自己电脑里的秘密。要像房门上锁一样,给进网络的电脑配上自己的密码锁。质数就是编制密码的一个理想工具。

质因数

每个合数都可以写成几个质数相乘的形式,这几个质数都叫做这个合数的质因数。如果一个质数是某个数的因数,那么可以说这个质数是这个数的质因数,这种把一个合数表示成几个质因数相乘的形式叫分解质因数。

延伸阅读

电话号码是一种代码,它是由数字组成的。每一部电话机都要有一个代号,不能和别的电话一样,这样打电话才不会打错。不同的国家和地区,电话号码的位数也不尽相同,这其中还有一些学问在里边。

如果用一位数字做代号,从0到9只能有10个不同的号码,再多就会重复。要是用两位数字做代号,把两位数颠来倒去地排,比如12、21、13、31……这样只可以安装90部电话。要是用三位数字,就可以排出720个代号,那就能安装720部电话。要是用六位数字就可以排出15万多个代号。在大的城市或地区，需要安装很多很多电话，现在连六位数都不够用，已经有七位、八位数字的电话号码。而且，在很多单位里，一个电话号码的总机下面又带有很多分机。

其实，随着数字位数的升高，可以排出的电码增加是利用了数学中的排列组合原理。

奇趣多变的数学图形

几何学是数学的一个大类别,它研究的就是图形在空间的位置以及相互关系。数学图形的历史与数字的历史一样悠久,古代民族都具有形的简单概念,并往往以图画来表示。时至今日,几何学已经发展成为一个独立的有着自己完整体系的数学分支,数学图形也早已不再仅仅是简单"图画"了,它有着更为丰富的内涵和变化了。这些奇趣多变的图形不单出现在学科领域,而且在我们生活中也常见它们的"身影"。

完全正方形

1936 年,英国剑桥大学三一学院的四个学生——布鲁克斯、史密斯、斯通和塔特考虑了这样一个有趣的问题:一个矩形能否分割成两两不等的几个正方形?

他们通过实验,终于找到了一个这样的矩形,即长 33 宽 32 的矩形可以做这种正方分割,分割法如图所示。后来,斯通又找到了另一个可正方分割的矩形,即长 177 宽 176 的矩形可以分割成边长分别为

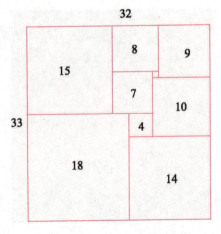

99，78，77，57，43，25，21，34，41，16，9 的 11 个正方形。如何寻求一个矩形的正方分割的一般方法呢？

先做矩形分割成正方形的草图，用未知数标出每个正方形的边长，写出这些边长应满足的关系式以使得这些正方形合成一个矩形，然后解所得关系式组成的方程组。于是，一个矩形能否正方分割的问题便转化为方程组有无正数解的问题。

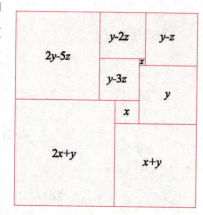

如图所示，为尽可能减少未知数的个数，我们在用未知数字母表示各正方形边长时就充分考虑到它们能拼成一个矩形的条件。为此，可先设内层较小的相邻三个正方形的边长分别为 x，y，z，于是，其余正方形的边长便很容易用 x，y，z 表示，它们的边长依次是 $x+y$，$2x+y$，$y-z$，$y-2z$，$y-3z$，$2y-5z$。利用"矩形水平边相等"可得到：

$$(2x+y)+(x+y)=(2y-5z)+(y-2z)+(y-z)$$

即： $3x-2y+8z=0$ ①

利用"矩形竖直边相等"可得到：

$$(2y-5z)+(2x+y)=(y-z)+y+(x+y)$$

即 $x-4z=0$ ②

由①，②得： $x=4z,\ y=10z$ ③

显然，由①②组成的方程组有无穷多组解，③式即表示这无穷组解的通式。若令 $z=1$，则 $x=4$，$y=10$，于是矩形长为 $2x+3y-5z=8+30-5=33$，宽为 $4y-8z=40-8=32$。这便是前页图所示的矩形。可以设想，若设 z 取其他正值，所得到的矩形（以及分割成的诸小正方形）都是彼此相似的。

进一步考虑：未知数的个数还能减少吗？比如说，设两个未知数 x，y，可以吗？我们说：也可以！如图所示。设最小的两个正方形边长分别为 x，y，则其余正方形边长分别为：$x+y$，$2x+y$，$3x+y$，$x+2y$，$x+3y$，$3x-3y$，$6x-2y$，$9x-5y$，$2x+5y$，再根据矩形两条水平边相等，两条竖直边相等，可得：

$$9x-5y+6x-2y=2x+5y+x+2y+x+y+2x+y \quad ④$$

$$9x-5y+2x+5y=6x-2y+3x+y+2x+y \quad ⑤$$

④式化为：

$$15x-7y=6x+9y, \quad 9x=16y \quad ⑥$$

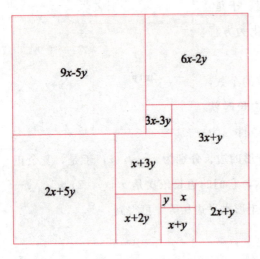

⑤式化为恒等式 $11x=11x$；

⑥式表示无穷多组解 $y=\dfrac{9}{16}x$。

当 $x=16$，$y=9$ 时，矩形的长为 177，宽为 176。这便是斯通找到的可正方分割的矩形。

后来，斯通、塔特和他的朋友们反复考虑：能否将一个正方形分割成两两不等的几个正方形呢？（他们把这样的正方形称为"可完全剖分"的正方形，简称"完全正方形"）经多次实验都没有找出一个具体的"完全正方形"。于是，他们企图证明：完全正方形是不存在的。然而，他们始终没能证明这一点。

1939 年，柏林的 R·施帕拉格终于找到了一个完全正方形。接着，又有许多完全正方形被相继发现。"完全矩形家族"兴旺不久，"完全正方形家族"也开始兴旺起来。对完全矩形（指非正方形）而言，它们的长宽之比例可以千变万化，而"完全正方形"则不然。所以，对完全正方形的研究兴趣自然落在"试图寻找一个分割正方形个数最少的（即称为最低阶的）完全正方形"方面。直到目前为止，英国业余数学家 T·H·威尔科克斯发现的 24 阶完全正方形，是世界最佳记录。随后有人发现，有些正方形剖分，使分割后的小正方形在原正方形内部构成矩形。如果把这种情形加以限制和排除，即：分割所得诸正方形的安排，并不在原来图形内部构成任何小矩形，那么这种剖分称为"简单的"，否则，称为"复合的"。1964 年，滑铁卢大学 J·威尔逊博士（塔特的一个学生）用电子计算机找到了一个 25 阶简单完全正方形，创造了新的世界记录。应用计算机，已经证明了没有低于 20 阶的简单完全正方形。因而，对于上述记录已没有多少改进的余地。然而，由 25 阶改进到 24，23，…，20 阶，将更是引人瞩目的！

比　例

简单来说，比例是表示一个总体中各个部分的数量占总体数量的比重，用于反映总体的构成或者结构。比例可以简单地分为正比例和反比例。两种相关联的量，一种量变化，另一种量也随着变化，如果两种量中，相对应的两个数的比值一定，这种比例就是正比例。反之，两种相关联的量，一种量变化，另一种量也随着变化，如果两种量中，相对应的两个数的积一定，这种比例就是反比例。

最小完全正方形

现在包括数学家在内的大多数学爱好者已经知道，完全正方形的"阶"数必大于 20，但始终未发现低于 24 阶的完全正方形。荷兰端地大学（Twente U）的杜维丁（J. W. Duijvestijn）设计了相当复杂的电脑程式，得到了 21 阶完全正方形，边长为 112 单位。这是最低阶的了，而且杜维丁还证明这个解唯一，所以以后再也不会有别的"最低阶"的完全正方形出现了，也就是说，21 阶完全正方形是最小的完全正方形。

拼出美丽图案

用正多边形的砖铺地或砌墙，称为拼砖。如果设计得法，拼砖可构成美丽的图案，令人赏心悦目。拼砖图案如何设计？数学中的不定方程可帮你找到答案。

拼砖和正多边形的内角有关。如果要求拼凑起来的砖铺满平面，就必须使拼在某一点的几块砖的各角合起来构成$360°$。正n边形内角和是$(n-2) \cdot 180°$，每一内角为$A_n = \dfrac{n-2}{n} \cdot 180°$，这里$n \geqslant 3$，且$A_n < 180°$。所以铺砖布满平面，每一内角顶处至少要由3块砖组成。又正三角形一内角为$60°$，若6块拼在一起，一角顶处为$360°$，所以拼砖时至多为6块。

某设计师为了避免设计单调，计划用两种正多边形拼砖，且要求每点由三块砖拼成，问他需用的两种砖各应是正几边形？设计的图案有几种？

设一种砖为正x边形，另一种为正y边形，根据题意可得到下列方程：

$$\dfrac{2(x-2) \cdot 180°}{x} + \dfrac{(y-2) \cdot 180°}{y} = 360°$$

即 $\dfrac{2x-4}{x} + \dfrac{y-2}{y} = 2$，

$2 - \dfrac{4}{x} + 1 - \dfrac{2}{y} = 2$，

$\dfrac{4}{x} + \dfrac{2}{y} = 1$，

$\dfrac{2}{y} = 1 - \dfrac{4}{x}$，

$\dfrac{2}{y} = \dfrac{x-4}{x}$，

$y = \dfrac{2x}{x-4}$，

$y = \dfrac{2(x-4)+8}{x-4}$，

$$\therefore y = 2 + \frac{8}{x-4}$$

这是一个不定方程。因为给定 x 一个值，都可求出对应的 y 值。x 取值不定，故方程的解不定。但在此具体问题中，x 和 y 是有条件的，都是不小于 3 的整数，所以方程的解还是确定的。由 $y \geq 3$，即 $2 + \frac{8}{x-4} \geq 3$，可求得 $x \leq 12$。因此，x 为大于等于 3 且小于等于 12 的整数。

我们又考虑到，由于在每一角顶处有 3 块砖拼起来，边数为 x、x、y，对某一块正 x 边形的砖来说，是被正 x 边形和正 y 边形围绕起来。从这块正 x 边形砖的某一角顶，按一定方向（顺时针或逆时针），沿着边转一圈，围绕它的砖必按 x，y，x，y，x，y，……的顺序排列回到原处（如图）。因此，这块 x 边形的边数 x 为偶数。所以方程中 x 的取值仅为偶数，它的解可列成下表：

x	4	6	8	10	12
y	不存在	6	4	非整数	3

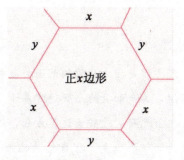

由此可知，若一种砖为正三角形，另一种砖应选用正十二边形，且每一点处由两块正十二边形砖和一块正三角形砖拼成；若一种砖用正方形，则另一种应选用正八边形，且每个点处由一块正方形砖和两块正八边形砖拼成。由方程的解可知，设计方案只有这两种。如图所示。

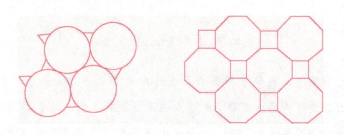

如果设计师想要用两种或三种正多边形拼砖，且要求每点由四块砖拼成，则可用同样的办法，列出不定方程 $\dfrac{2}{x}+\dfrac{1}{y}+\dfrac{1}{z}=1$，设值求解得下表：

x	3	3	4	4	5	6
y	4	6	3	4	4	3
z	12	6	6	4	小于3	3

这就是说，有下列三种用砖方案：

(3，3，4，12)；(4，4，3，6)；(3，3，6，6)。

不定方程

不定方程是指方程解的范围为整数、正整数、有理数或代数整数的方程或方程组，其未知数的个数通常多于方程的个数。因为古希腊数学家丢番图于3世纪初就研究过若干这类方程，所以不定方程又称丢番图方程，不定方程是数论的一个分支，有着悠久的历史与丰富的内容。不定方程与代数数论、几何数论、集合数论等都有较为密切的联系。

延伸阅读

能够覆盖平面的正多边形

事实已经证明，能覆盖平面的正多边形只有正方形、正三角形、正六边形。这是因为过每一个正方形公共顶点的正方形有4个，每个正方形的每个内角为90°，4个90°正好是360°。过每一个正三角形顶点可安排6个正三角形，每个内角60°，共为360°。同样，过每个正六边形顶点有3个正六边形，每个内角为120°，3个内角正好为360°，由此可知，要使正多边形能覆盖平面，必须要求这个正多边形的内角度数能整除360°。

正五边形的每一个内角为108°，108°不能整除360°，所以正五边形不能覆盖平面，不难看出，超出六边的正多边形的每一个内角大于120°，小于180°，都不能整除360°，因此，都不可能覆盖平面。因此，能覆盖平面的正多边形只有正方形、正三角形、正六边形3种。

美丽的曲线——椭圆

人们几乎公认椭圆是一种美丽的曲线，它具有图形美和科学美，所以不论在生活中、生产中、科技中都有着广泛的应用。

在生活中，人们喜爱椭圆形的小盒、镜子、首饰、衣服上的图案等。

在生产中，人们常常制作和建造椭圆形的油罐车、椭圆形的大厅、椭圆形的轮船舷窗、椭圆形的幻灯光源反光镜面、椭圆形的电视机喇叭等。科技中的各种卫星的运行轨道，如月亮绕地球、地球绕太阳的运行轨道都是椭圆形的。

一个圆柱状物体，用刀斜切为两段，则截口便为椭圆形，但我们要用几何作图工具来画一个椭圆就十分困难了。不少人绞尽脑汁想研究出一种适合学生和生产中用的椭圆规，虽然设计了好多样品，但都不够理想，用起来很不方便。

这里介绍一种椭圆的简易画法。

工具：一段线绳，两个图钉，一支铅笔。

作法：把两个图钉固定在纸上，使两钉距离小于线绳长；把线绳两端拴在图钉上，用铅笔尖把线绳拉紧，移动铅笔尖时仍保持拉紧线绳，则铅笔尖就可以在纸上画出一个椭圆。

从刚才的作法中，可以发现：铅笔尖到两个图钉的距离之和等于线绳的长。这一事实，用几何语言叙述就是：平面内与两个定点的距离的和等于定长（大于两定点距离）的点的轨迹叫做椭圆。这两个定点叫做椭圆的焦点，两焦点的距离叫做焦距。

我们不改变绳的长度，只改换两焦点的距离（小于绳长），你会发现：焦距越大，椭圆越扁平；焦距越小椭圆越接近圆；当焦距为零，即两焦点重合时，椭圆就变为圆，焦点就是圆心，绳长的一半为半径。

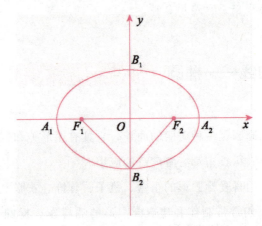

不难看出椭圆的大小和扁平程度与焦距和绳长有着密切关系，这里做一研究：

过椭圆的两焦点作一直线 l，交椭圆于 A_1、A_2 两点，作线段 A_1A_2 的垂直平分线 m，交 l 于 O 点，交椭圆于 B_1、B_2，设椭圆的两焦点为 F_1 和 F_2，且 $F_1F_2=2c$，再设绳长为 $2a$，那么连结 B_2F_1 和 B_2F_2，则 $B_2F_1+B_2F_2=2a$，因为 $B_2F_1=B_2F_2$，所以 $B_2F_1=B_2F_2=a$，又 $F_1O=F_2O=c$，由勾股定理，得 $OB_2=\sqrt{a^2-c^2}$，设 $OB_2=b$，则 $b^2=a^2-c^2$，由此式可以看出绳长与焦距的大小对椭圆的扁平度起着决定作用。

从中还可以看出：

$A_1F_1+A_1F_2=2a$。因为 $A_1F_1=A_2F_2$，所以 $A_1A_2=2a$，即 A_1A_2 等于绳长。我们把 A_1A_2 叫做椭圆的长轴，B_1B_2 叫做椭圆的短轴，两轴的交点 O 叫做中心。

学会了这些知识，要在一个已知的矩形内画一个内切椭圆，或者画一个确定了长、短轴的椭圆，就不是一件困难的事了。利用 a、b 的值确定出焦距，定出中心，量取绳长，便可完成要求的椭圆。

椭 圆 规

椭圆规是一种古老的绘画椭圆的简易工具。常见的椭圆规由有十字形滑槽的底板和旋杆组成。在十字形滑槽上各装有一个活动滑表标。滑标下面有一根旋杆。此旋杆与纵横两个滑标连成一体。移动滑标，其下面的旋杆就能做360°的旋动画出符合椭圆方程的椭圆。

为什么汽车油罐车要做成椭圆状

生活中我们经常见到，油罐汽车背脊上的油罐，多数呈椭圆形状，即它的两个底面都是椭圆。为什么汽车上的大桶要做成椭圆形状呢？

原因主要是在于容积相同的条件下，椭圆形桶与长方体形的桶相比较用料上要节约一些。除了节省材料的原因之外，还有一个强度问题。椭圆桶的外受力比较均匀，牢固而且不易撞坏。而长方体的棱角多，焊接点多，棱处受力特别大，容易破裂。所以汽车运输液体的桶一般不做成长方体的形状。

再与圆柱桶相比较。仍在容积相同的条件下，圆柱桶比椭圆桶省料。如果单从节省材料的角度看，应该把桶底做成圆形的，但由于圆柱桶要比椭圆桶高和狭，它的重心比较高，不稳定，两边还要用支架，汽车的宽度也不能充分利用。

综上所述，椭圆桶较省料，又牢固，重心低，比较稳。这就是汽车背脊上的大桶做成椭圆形的道理。

美妙的对称

闹钟、飞机、电扇、屋架等的功能和属性完全不同,但它们的形状却有一个共同特性——对称。在闹钟、屋架、飞机等的外形图中,可以找到一条线,线两端的图形是完全一样的。也就是说,当这条线的一边绕这条线折转180°后,与另一边完全重合。在数学上把具有这种性质的图形叫做轴对称图形。电扇的一个叶子不是轴对称图形,但电扇的扇叶如果绕电扇中心旋转120°后,会与另一个扇叶原来所在位置完全重合,这种图形数学上称为旋转对称图形,所有轴对称和旋转对称图形统称为对称图形。

吊扇呈旋转对称

人们把闹钟、飞机、电扇制造成对称形状不仅是美观,而且还有一定的科学道理:闹钟的对称保证了走时的均匀性,飞机的对称使飞机能在空中保持平衡。

对称也是艺术家们创作艺术作品的重要准则。像中国古代的近体诗中的对仗,民间常用的对联等,都有一种内在的对称关系。对称在建筑艺术中的应用就更广泛。中国北京整个城市的布局是以故宫、天安门、人民英雄纪念碑、前门为中轴线两边对称的。对称还是自然界的一种生物现象,不少植物,动物都有自己的对称形式。

知识点

对 仗

对仗又称队仗、排偶,是我国古代诗歌格律的表现之一,是把同类或对立概念的词语放在相对应的位置上使之出现相互映衬的状态,使语句更具韵味,增加词语表现力。对仗两两相对,它与汉魏时代的骈偶文句密切相关,可以说是由骈偶发展而成的。

延伸阅读

旋转对称

旋转对称是对称中的一种,旋转对称图形是指把一个图形绕着一个定点旋转一个角度α后,与初始的图形重合,这种图形就叫做旋转对称图形。在生活和自然界中呈旋转对称的物体有很多。这里略举几个自然界中呈旋转对称的生物。旋转对称在花卉世界表现的最明显,许多五彩缤纷的花朵花瓣都不约而同地满足旋转对称,而且多数呈五角形旋转对称。飘飘洒洒漫天飞舞的雪花呈现的是六角形旋转对称。生活在海里的圆盘水母满足八角形旋转对称。

精巧的蜂房

蜜蜂是大自然的天生数学家,是个有着极高智慧的建筑师。

蜜蜂用蜂蜡建造起来的蜂巢里是一座既轻巧又坚固,既美观又实用的宏伟建筑。达尔文还曾经对蜂巢的精巧构造大加赞扬。看上去蜂巢好像是由成千上万个正六棱柱紧密排列组成的。从正面看过去，的确是这样，它们都是排列整齐的正六边形。但是就一个蜂房而言，并非完全是六棱柱，它的侧壁是六棱柱的侧面，但棱柱的底面是由3个相等菱形组成的倒角锥形。两排这样的蜂房，底部和底部相嵌接，就排成了紧密无间的蜂巢。

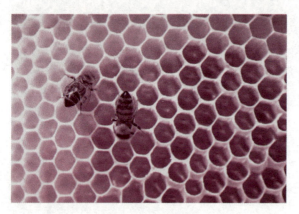

六棱柱蜂房

早在公元前300年前后，亚历山大的巴鲁士就研究过蜜蜂房的形状，他认为六棱柱的巢是最经济的结构。

从外表看，许许多多的正六边形的洞完全铺满了一个平面区域，每一个洞是一个六棱柱的巢的入口。

在这些六棱柱的背面，同样有许多形状相同的洞。如果一组洞开口朝南，那么另一组洞的开口就朝北。这两组洞彼此不相通，中间是用蜡板隔开的。奇特的是这些隔板是由许多大小相同的菱形组成的。

取一个巢来看，形状如下图所示，正六边形$ABCDEF$是入口，底是3个菱形A_1B_1GF、$GB_1C_1D_1$、$D_1E_1F_1G$。这些菱形蜡板同时是另一组六棱柱洞的底，3个菱形分属于3个相邻的六棱柱。

历史上不少学者注意到了蜂房的奇妙结构。例如著名的天文学家开普勒，就说这种充满空间的对称的蜂房的角应该和菱形十二面体的面一样。另一个法国的天文学家马拉尔第经过详细的观测研究后指出：菱形的一个角（$\angle B_1C_1D_1$）等于$109°28'$。

法国自然哲学家列俄木作出一个猜想，他认为用这样的角度来建造蜂房，在相同的容积下最省省材料。于是请教瑞士数学家可尼希，他证实了列俄木的猜想。但计算的结果是$109°26'$和$70°34'$，和实际数值有两分之差。

列俄木非常满意，1712年将此结果递交科学院，人们认为蜜蜂解决这样一个复杂的极值问题只有 2′ 的差，是完全可以允许的。可尼希甚至说蜜蜂解决了超出古典几何范围而属于牛顿、莱布尼茨的微积分范畴的问题。

可是事情还没有完结。1743 年，苏格兰数学家麦克劳林在爱丁堡重新研究蜂房的形状，得到更惊人的结果。他完全用初级数学的方法，得到菱形的钝角是 109°28′16″，锐角是 70°31′44″ 和实测的值一致。这 2′ 的差，不是蜜蜂不准，而是数学家可尼希算错了。他怎么会算错呢？原来所用的对数表印错了。

生物现象常常给我们很大的启发。马克思说得好："蜜蜂建筑蜂房的本领使人间的许多建筑师感到惭愧。但是最蹩脚的建筑师从一开始就比最灵巧的蜜蜂高明的地方是，他在用蜂蜡建筑蜂房以前，已经在自己的头脑中把它建成了。"

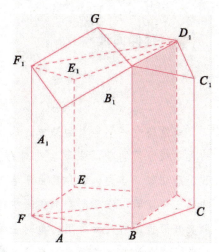

六棱柱

首先解释一下棱柱，棱柱是指有两个面互相平行，其余各面都是四边形，并且每相邻两个四边形的公共边都互相平行，由这些面所围成的几何体被称做棱柱。棱柱中两个互相平行的面，叫做棱柱的底面，而底面为六边形的棱柱就是六棱柱。

▶ 延伸阅读

蜂巢的药用价值

蜂巢还有一个神奇的地方，那就是蜂巢的药用价值很高。研究表明，蜂巢的化学成分很复杂，主要含有蜂蜡、树脂、油脂、色素、鞣质、糖类、有机酸、脂肪酸、苷类、酶和昆虫激素等，是调节内分泌和滋补强身的首选上品。临床已经证明，蜂巢制剂有促进机体细胞免疫功能的作用，蜂巢浸液既对乙型肝炎表面抗原有灭活作用，也对金黄色葡萄球菌、绿脓杆菌、大肠杆菌、痢疾杆菌、伤寒杆菌和普通变形杆菌等都有很强的抑制力；对烟曲霉、黄曲霉、茄镰菌、明串珠菌等真菌也有抑制作用。

神奇的圆状体

若我们手头有圆规，固定其中的一脚，将另一个带铅笔头的脚转一圈，就画出了一个圆。但是，就是这么简单的一个圆，却给了我们许多启示，并被充分运用到人类的生产和生活中。车轮是圆的，水管是圆的，许多容器也是圆柱形的，如脸盆、水杯、水桶等等。为什么要用圆形？一方面，圆给我们以视觉的美感；另一方面，圆有许多实用的性质。

有利于滚动

无论是汽车还是自行车，它的车身都是装在轴上，如果车的轮子是方形的话，车子走起来就会上下颠簸。圆形的车轮子，轮边到圆中心距离相同，这样走起来车身非常平稳，坐在车里也会感到很舒服。

弹跳有规律

你看过篮球赛就会知道，运动员需要拍着球往前走，拍球时运动员眼睛并不看着球,而是看着场上的运动员。运动员为什么不看球而能拍球自如呢?这是因为圆形弹跳是有一定规律的。除了圆球,其他形状的球弹跳起来会一会儿东,一会儿西,让你摸不着规律。

容积较大

找来同样大小的两块铁皮做成一个圆碗和一个方碗。把圆碗里装满了水,然后把圆碗里的水慢慢倒进方碗里,你会发现方碗装不下这些水,有些水会流出来。这件事告诉我们,用同样大小的材料做成的圆形装东西最多。

只有一个直径

下水道盖一般是生铁铸成的。每个都有几十斤重,如果掉在水道里,可就不容易往上捞。怎样才能保证下水道盖不管怎样盖法永远掉不下去呢?解决的办法就是把盖做成圆形的。只要盖子的直径稍微大于井口的直径,那么盖子无论何种情形被颠起来,再掉下去的时候,它都是掉不到井里的。那如果井盖做成正方形或者长方形,会出现什么情况呢?假设一个快速飞来的汽车冲击井盖,将其撞到空中,盖子掉下来的时候,无论是长方形还是正方形,都

圆形井盖

有可能沿着最大尺度的对角线掉到井中!因为正方形的对角线是边长的1.41倍,长方形的对角线也大于任一边的边长,只有圆,直径是相同的。圆形的盖子是无论如何都掉不进去的。

除此之外,盖子下面的洞是圆的,圆形的井比较利于人下去检查,在挖井的时候也比较容易,下水道出孔要留出足够一个人通过的空间,而一个顺着梯

子爬下去的人的横截面基本是圆的,所以圆形自然而然地成为下水道出入孔的形状。圆形的井盖只是为了覆盖圆形的洞口。另外圆柱形最能承受周围土地和水的压力。

知识点

对角线

作为几何学术语,对角线的定义为连接多边形任意两个不相邻顶点的线段,或者连接多面体任意两个不在同一面上的顶点的线段。从定义可知,从 n 边形的一个顶点出发,可以引 $n-3$ 条对角线。

延伸阅读

自然界中圆形果实居多的原因

果实为什么大多是圆球形的呢?一般认为,圆球形果实比较能忍受风吹雨打。因为外表形状是圆形的,所承受的外力比较小;另外,圆球形的果实表面积小,果实表面的蒸发量也就小,水分散失少,有利于果实的生长发育。相反,如果果实长成正方形,或其他不规则形,表面积大,就会受到较大的外力,也会散失较多的水分,这样,它的成活率就低。自然界永远遵循优胜劣汰的自然法则,在漫长的进化过程中,其他形状的果实大多被淘汰了,圆球形果实保留了下来。

大海里的生命形式

海洋是生命的摇篮，大海里与陆地上一样，有繁多的生命形式，这成为数学思想的一种财富。

人们能够在贝壳的形式里看到众多类型的螺线。有小室的鹦鹉螺和鹦鹉螺化石给出的是等角螺线。海狮螺和其他锥形贝壳，为我们提供了三维螺线的例子。

对称充满于海洋——轴对称可见于蚌蛤等贝壳、古生代的三叶虫、龙虾、鱼和其他动物身体的形状；而中心对称，则见于放射虫类和海胆等。

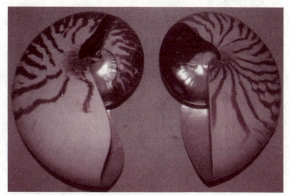

鹦鹉螺

几何形状也同样丰富多彩——在美国东部的海胆中可以见到五边形，而海盘车的尖端外形可见到各种不同边数的正多边形；海胆的轮廓为球状；圆的渐开线则相似于鸟蛤壳形成的曲线；多面体的形状在各种放射虫类中可以看得很清楚；海边的岩石在海浪天长日久的拍击下变成了圆形或椭圆形；珊瑚虫和自由状水母则形成随机弯曲或近圆桶形的曲线。

海 胆

黄金矩形和黄金比也出现在海洋生物上——哪里有正五边形，哪里就能找到黄金比。在美国东部海胆的图案里，就有许许多多的五边形；而黄金矩形则直接表现在带小室的鹦鹉螺和其他贝壳类的生物上。

在海水下游泳可以给人们一种真正的三维感觉。人们能够几乎毫不费力地游向空间的三个方向。

在海洋里我们甚至还能发现镶嵌的图案。为数众多的鱼鳞花样，便是一种完美的镶嵌。

海洋的波浪由摆线和正弦曲线组成。波浪的动作像是一种永恒的运动。海洋的波浪有着各种各样的形状和大小，有时强烈而难于抗拒，有时却温顺而平静柔和，但它们总是美丽的，而且为数学的原则（摆线、正弦曲线和统计学）所控制。

无可否认的是，当我们对每一个数学思想进行深层次研究的时候，会发觉它们是复杂和连带的。而每当在自然界中发现它们时，便就获得了一种新的意义和联系。

螺　线

螺线是指在平面极坐标系中，如果极径 ρ 随极角 θ 的增加而成比例增加（或减少），由这样的动点所形成的轨迹。最常见的螺线有阿基米德螺线、对数螺线、双曲螺线等。

生活中的阿基米德螺线

阿基米德螺线是螺线中的一种，是指动点沿一直线做等速移动，而此直线又围绕与其直交的轴线做等角速的旋转运动时,动点在该直线的旋转平面上的轨迹就是阿基米德螺线。生活中随处可见阿基米德螺线。在早期的留声机中,电机带动转盘上的唱片匀速转动,沿着一条直线轨道匀速向外圈移动的唱头在唱片上留下的刻槽就是阿基米德螺线。同理,由匀速盘香机生产出来的盘状蚊香也是阿基米德螺线的形状。等螺距的螺钉从钉头方向看去也是阿基米德螺线。就连缝纫机中也有阿基米德螺线出没,一般的机械缝纫机中有一个凸轮,手轮旋转的时候用来带动缝纫针头直线运动,这个凸轮的轮廓就是把阿基米德螺线的一部分经过对称得到的。

妙趣横生的数学游戏

我们都知道，游戏是十分好玩有趣的，小朋友们特别喜欢玩游戏。现在想想，如果游戏跟数学融合起来，那会是个什么样的情形，还会有趣吗？答案是肯定的。数学游戏既包含游戏的欢快趣味性，也包含了数学知识的科学和严谨性，学中有玩，玩中有学，寓教于乐，一举两得，是十分受欢迎的学习模式，有着极佳的教学效果。

《西游记》里倒数诗

在我国古典神话小说《西游记》里，说到唐僧和他的徒弟孙悟空、猪八戒、沙和尚去西天取经，在平顶山莲花洞消灭了想吃唐僧肉的妖怪金角大王和银角大王。然后师徒们继续赶路，又遇上一座巍峨险峻的大山。一面赶路，一面观景，不觉天色已晚。

故事发展到这里，小说中写道：

……师徒们玩着山景，信步行时，早不觉红轮西坠。正是：

十里长亭无客走，九重天上观星辰。

八河船只皆收港，七千州县尽关门。

六宫五府回官宰，四海三江罢钓纶。

两座楼头钟鼓响，一轮明月满乾坤。

这首诗从十、九、八、七,说到六、五、四、三、两、一,星月点缀夜色,收工了,下班了,关门了,路上没人了,取经赶路的也该找个地方休息了。

为了取经,跋山涉水已经苦不堪言,降妖伏魔更是险象环生,害得猪八戒想回家,唐僧心里直打鼓。幸好有孙悟空不断给一行人鼓劲,看看沿途深山老林幽静风光,放松放松。小说里这首写景诗,也正是在紧张情节中夹进一点儿轻松花絮,稍稍缓一口气。诗中嵌进全部10个数字,而且从大往小,倒过来数,成为别具一格的"倒数诗",更增加了趣味。

《西游记》

《西游记》,又名《西游释厄传》,是我国古典四大名著之一,由明代小说家吴承恩编撰而成。书的主要内容是描写孙悟空、猪八戒、沙和尚三个徒弟保护师父唐僧历经九九八十一难到西天求取真经的传奇故事。

倒数数游戏

10 9 8 7 6 5 4 3 2 1 是10个倒数数。用上面写出的10个数,不打乱顺序,添加适当的数学符号,组成10个算式,使计算结果分别等于10、9、8、7、6、5、4、3、2、1。

满足要求的算式有很多,下面只是其中的一组。

$10+9-8-7+6+5-4-3+2\times 1=10$;

$(10+98-76)\times 5\div 4\div(3+2)+1=9$;

$(10+9+8-7)×6÷5÷4+3-2+1=8$；

$(109-87)÷(6+5)+4+3-2×1=7$；

$(10+9+8-7-6)×5-43-21=6$；

$(10+9+8+7+6)÷5-4÷(3-2)+1=5$；

$10×9-87+65-43-21=4$；

$(109-8+7)÷6-54÷3+2+1=3$；

$(109+87-6)÷5-4-32×1=2$；

$(10×9-87)÷(6×54-321)=1$。

七巧板游戏

七巧板是我国民间流传的一种拼图游戏，起源于宋代，后来传到欧、美、日本等许多国家，又叫做"七巧图""智慧板""流行的中国拼板游戏""中国解谜"等。

这七巧板独特之处就在一个"巧"字。它们可以互相调位摆成人体、动物等各种图案。比如用正方形板表示人头；用三角形板表示动物的嘴；平行四边形表示人的身体。有了这些基本图形，再加上三角形拼起来能出现多种不同的形状，七巧板就拼出了各种有趣的图案。

到了20世纪60年代，人们发现用七巧板的一部分、全部或几副七巧板拼搭对研究几何图形、特别是研究组合数学中的图形分析问题，很有帮助。于是数学家们不再将七巧板当成一切智力的"益智图"，而是成为研究组合图论的一个有力的工具。此外，七巧板在电子计算机、程序设计技术以及人工智能等领域也有着很广泛的应用。

七巧板的尺寸比例很容易掌握，只要先画一个正方形边框，然后反复取中点、联结线段，就能画出整个图来。

用一副七巧板可以拼出许许多多各种各样的图形，包括人物、动物、植物、生活用品、建筑、汉字、数字和英文字母等，有记载的图形数目已经超过

1000个。通常是在拼成图形以后,把外围轮廓描下来,里面全部涂黑,看不出拼接的痕迹,让别人去重新尝试用七巧板拼成这样的图形。所以玩七巧板也像猜谜语一样,需要善于分析,头脑灵活,是一种益智游戏。

如果把七巧板的七块小板涂上不同的颜色,拼成的图形就带有更浓厚的装饰性。

现在有两个关于七巧板的小小计算问题。

第一题是:如果一副七巧板的总面积是16,那么其中每一块的面积各是多少?

答案很容易算出:七块小板的面积分别是4,4,2,2,2,1,1。

容易看出,用七巧板中两块面积为1的小板可以拼成任何一块面积为2的小板;用其中任何一块面积为2的小板和两块面积为1的小板可以拼成一块面积为4的小板。

做第二个问题之前,先看下图所示的七巧板人物造型。图中的三个人,一个在踢球,一个在溜冰,还有一个在跳藏族舞蹈,各有各的乐趣。这三个七巧板人物的头部面积与全身面积的比各是多少?

因为图中表现人物头部的是一块正方形小板,面积为2;而每个人物图形都是由一副七巧板拼成的,7块小板面积的总和是16。所以在每个人物图中,头部面积与全身面积的比都是1∶8。

踢球　　　　　　溜冰　　　　　　跳舞

美术课里讲到,一个成年男子的头部高度与全身高度的比大约是1∶7.5左右。由此看来,画到纸上,如果全身所占面积是头部所占面积的8倍左右,看上去就比较匀称。七巧板人物也是采用了这样的比例来拼造人物,因此才显得那样生动。

知识点

> **英文字母**
>
> 英文字母，即英文所基于的字母，共26个。英文字母渊源于拉丁字母，拉丁字母渊源于希腊字母，而希腊字母则是由腓尼基字母演变而来的。大约公元前13世纪，腓尼基人创造了人类历史上第一批字母文字（共22个字母）。这是腓尼基人对人类文化的伟大贡献。腓尼基字母是世界字母文字的开端。

延伸阅读

益智图板

益智图共由15块板组成。据说是清代的童叶庚研制的。他觉得七巧板的块数太少，每块板图形单调，拼图的花样不够丰富。他从易经八卦中得到启示，在七巧板的基础上，将块数增加到15块，剪成的图形也作了改进，于是制作成功一种新型的拼板玩具。并根据它变幻多姿，可以启迪智慧，发展思维的特点，取名叫"益智图"。

益智图如同魔块一般，可以拼摆的图案更加形式多样、丰富多彩：文字、数字、动物、植物、人物、建筑、机械、用具都可以拼成。让想象的翅膀张开，还可以拼出一些充满诗情画意的神话、寓言、戏文、故事，十分有趣。

益智图制作并不复杂，只要将一个正方形等分成6×6的方块，而后按图提示，沿实线细心地剪开即可。

猜数游戏

有些游戏就是怪。看来能猜中的偏偏猜不中,看来猜不中的偏偏猜得中。不信,各讲一个给你听。

小牛和小马、小羊在一起做游戏,小牛用两小张纸,各写一个数。这两个数都是正整数,相差是1。他把一张纸贴在小马额头上,另一张贴在小羊额头上。于是,两个小动物只能看见对方头上的数。

小牛不断地问他们,你们谁能猜到自己头上的数吗?

小马说:我猜不到;

小羊说:我也猜不到。

小马又说:我还是猜不到;

小羊又说:我也猜不到。

小马仍然猜不到。

小羊仍然猜不到。

小马和小羊都已经三次猜不到了。

可是,到了第四次,小马喊起来:我知道了!小羊也喊道:我也知道了!

请你想想,他们头上各是什么数?怎么猜到的?

原来,"猜不到"这句话里,包含了一个重要的信息。

要是小羊头上是1,小马当然知道自己头上是2。小马第一次说:"猜不到",就等于告诉小羊,你头上的数不是1!

这里,要是小马头上是2,小羊当然知道自己头上应当是3。可是,小羊说猜不到,就等于说:小马,你头上不是2!

第二次小马又说猜不到,就等于说:小羊头上不是3,若是3,我头上一定是4,我就能猜到了。

小羊又猜不到,说明小马头上不是4。

小马又说猜不到,小羊头上不是5。

小羊又说猜不到,小马头上不是6。

小马为什么这时猜到了呢?原来小羊头上是7。小马想:我头上既然不是6,他头上是7,我头上当然是8啦!

小羊于是也明白了:他能从自己头上不是6就能猜到是8,当然是因为我头上是7喽!

实际上,即使两人头上写的是100和101,只要让两人对面反复交流信息,反复说"猜不到",最后也总能猜到的。

这游戏,还有一个使人迷惑的地方:一开始,当小羊看到对方头上是8时,就肯定知道自己头上不会是1,2,3,4,5,6;而小马也会知道自己头上不会是1,2,3,4,5。这么说,两人的前几句"猜不到",互通信息,肯定是没用的了。可是说它没用,又不对,因为少了一句,最后便要猜错。这里面,究竟是什么道理呢?你得仔细想想。

另一个游戏是:小牛偷偷在纸上写了一句话,这句话叙述一件事,请小马和小羊猜这句话叙述的事对不对。并发给两人各一张纸,要他们把所猜的结果写在纸上。

小牛说:你们两人中只要有一个猜中了,你们就胜了。晚上,我给你们唱一支好听的歌;都猜不中,你们输了,什么时候给我演个节目都行。

小羊说:我们一定有一个人猜得中。我猜你这句话说得对,他猜你这句话不对,总会有一个人猜中吧!

可是,结果还是小牛胜了。

原来,小牛写了这样一句话:

"你的纸上写的是'不对'。"

小羊在纸上写的是"对",这时,小牛这句话当然错了。可小羊猜"对",当然猜不中了。

小马呢,他在纸上写的"不对",这时,小牛这句话当然对。可小马猜"不对",也没有猜中。

小羊和小马恍然大悟,说:"你就是把纸上的话给我们看了,我们也决不会猜中的啊!"

上面这两个游戏，都牵涉一些逻辑推理中的怪现象，人们把它叫做"数学悖论"。怎样说明悖论？怎样消除悖论？是数学基础研究中的一件大事，很多人正在努力研究解决。

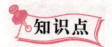

悖　论

悖论是指在逻辑上可以推导出互相矛盾的结论，但表面上又能自圆其说的命题或理论体系。悖论的出现往往是因为人们对某些概念的理解认识不够深刻、正确所致。悖论的成因极为复杂且深刻，对它们的深入研究有助于数学、逻辑学、语义学等等理论学科的发展，因此具有重要意义。最经典的悖论包括芝诺悖论、罗素悖论、说谎者悖论、康托悖论等等。

芝诺悖论

约公元前5世纪的古希腊哲学家芝诺提出了4个著名的悖论。第一个悖论说运动不存在。理由是运动物体到达目的地之前必须先抵达中点。也就是说，一个物体从 A 到 B，永远不能到达。因为要从 A 到 B，必须先到达 AB 的中点 C，为到达 C 必须先到达 AC 的中点 D，以此类推，这就要求物体在有限时间内通过无限多个点，从而是不可能的。第二个悖论说希腊的神行太保阿希里永远赶不上在他前面的乌龟。因为追赶者首先必须到达被追者的起点，因而被追者永远在前面。第三个悖论说飞箭静止，因为在某一时间间隔，飞箭总是在某个空间间隔中确定的位置上，因而是静止的。第四个悖论是游行队伍悖论，内容与前者基本上是相似的。芝诺悖论在数学史上有着重要的地位，有人将它看成是第二次数学危机的开始,并由此导致了实数理论、集合论的诞生。

"三件套"游戏

小明和小亮玩扑克牌,发明了一个新花样,叫做"三件套"。人多能玩,人少也能玩,一个人同样也能玩。

玩的规则很简单。首先像平常一样每人轮流取牌,取满5张后停止。这时各人开始研究自己手里牌的点数。A算1点,J算11点,Q算12点,K算13点,大小王可以根据需要,算成任何一个确定的点数。

如果发现手中有某3张牌的点数能通过适当的运算组成一个等式,这3张牌就构成一个3分组。有时5张牌里会有好几个3分组,有时一个也没有。

类似地,如果发现手中有某4张牌的点数能通过适当的运算组成一个等式,这4张牌就构成一个4分组。

如果发现手中全部5张牌的点数能通过适当的运算组成一个等式,这5张牌就构成一个5分组。

如果谁的手里,3分组、4分组、5分组品种齐全,就配成一副"三件套",可以挑战,亮出自己的牌,宣布成功,并且统计得分:每个3分组得3分,每个4分组得4分,5分组得5分。

例如,小明发动挑战,亮出的牌如下图。

在小明的这副牌里,有 1 个 3 分组(1,5,6),相应的等式是 1+5=6。

有 5 个 4 分组:(1,2,5,6),(1,2,5,9),(1,2,6,9),(2,5,6,9),(1,5,6,9),相应的等式分别是

1+6=2+5,

1+9=2×5,

1+2+6=9,

2+9=5+6,

6+9=15。

全部 5 张牌还成为一个 5 分组,相应的等式是(1+2)×5=6+9。

所以,小明的挑战分数是 3+4×5+5=28。

一个人挑战以后,其他人也都相继亮牌查看。还没有配齐"三件套"的,这一盘的得分是 0 分。已经配齐的,就可以应战。例如,小亮的牌也配齐了,如下图:

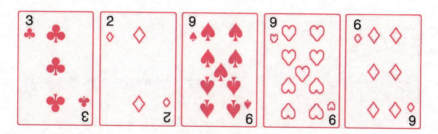

在小亮的这副牌里,有 3 个 3 分组:(2,3,6),(3,6,9),(2,3,9)。相应的等式是

2×3=6,

3+6=9,

$3^2=9$。

有 4 个 4 分组(2,3,6,9),(2,3,9,9),(2,6,9,9),(3,6,9,9),相应的等式是

2×6=3+9,

(3−2)×9=9,

$(9-6)^2=9$,

$3\times 6=9+9$。

全部5张牌成为一个5分组,相应的等式是

$(3+6)\times 2=9+9$。

所以,小亮的总分是

$3\times 3+4\times 4+5=30$。

比赛结果是:挑战者小明28分,应战者小亮30分,分数最高的人胜利。

记分规则是:胜利者的分数加倍,其他人记实际成绩。所以在这一盘中,小明得28分,小亮得60分。

如果大家手中的牌都没有配齐,可以按原顺序轮流补牌换牌,保持手里有5张牌,直到有人挑战为止。

同一个分数组的各数之间,有时能组成几个不同等式,这时只要说出其中任何一个等式就行,按组计分。

扑 克

扑克有两种意思:一是指扑克牌,也叫纸牌。另一个是指以用纸牌来玩的游戏,称为扑克游戏。扑克有常见的54张纸牌和不多见的60张的"二维扑克"两类。

关于扑克的起源有多种说法,法国、比利时、意大利还有埃及、印度、朝鲜等国的部分学者认为发明地应归属己国,但终因无确凿的史料可究,所以至今尚无定论。现在较被中外学者所普遍接受的观点就是现代扑克起源于我国唐代一种名叫"叶子戏"的游戏纸牌。

延伸阅读

拿牌游戏

把1副扑克放在桌子上（54张），甲乙两人依次从上面拿牌。规定每次最少拿1张，最多拿5张，不准多拿，也不准不拿，谁能最后把牌拿光，谁为胜。

这种游戏看起来很简单，但它是一个有趣的数学问题，只有掌握规律，才能取得胜利。

试想：如果最后剩下6张牌的时候，谁后拿，谁就一定能取胜。因为先拿的不能不拿，也不能拿光，而他不管拿几张，剩下的总不多于5张，因此后拿的总能一次拿完而取胜，所以要想取胜，就要想办法，经过若干次拿牌后，给对方剩下6张牌，就稳操胜券了。

怎么能给对方剩下6张牌呢？因为54能被6整除（54÷6＝9），所以要取胜，就要让对方先拿。不管对方拿几张，你一定和他凑成6张。比如对方拿1张，你就拿5张；对方拿2张，你就拿4张……对方拿5张，你就拿1张。这样每人拿8次后，共拿走6×8＝48(张)，一定是剩下6张让对方先拿。你就一定胜利了。

想一想，如果把这个游戏改为每次最少拿1张，最多拿4张，那么应该怎么拿？是先拿的人取胜？还是后拿的人取胜？

摸球游戏

从前，国外比较流行一种赌博——摸球。赌主手里拿着一个布袋，里面装着10个红球，10个白球。这20个球除颜色不同外，它们的形状、大小、重量、质料都相同。赌主将袋内的球搅匀后，让赌客不看袋内，只伸手到袋中摸

球，每次摸出1球并记住颜色，然后放回袋内，重新再摸出1球，并记住颜色，再放回袋内……这样连续摸10次，记住这10个球的颜色。查对计分表，得正分者为胜，得负分者为败，得0分者保本。

计分表是一个招牌，上面写着：

摸到十个全红，计100分；

九红一白，计80分；

八红二白，计60分；

七红三白，计40分；

六红四白，计0分；

五红五白，计−100分；

四红六白，计0分；

三红七白，计40分；

二红八白，计60分；

一红九白，计80分；

十个全白，计100分。

人们一看计分牌，就会有一种感觉，胜的可能性很大。计分表中有11种情况，其中有8种得正分，2种是平局，只有一种得负分，败的机会很少。这个招牌有力地吸引着赌客和过往行人，大家都想去试一试，碰碰运气。

这种赌博中，每次总是赌主胜，而赌客败，从得分的多少来计算输赢的钱数，赌主每次都有可喜的收获。

我们现在把这种活动作为一种游戏，大家可以试一试，是很有趣味的。简便方法是：可用象棋子10个红色的代表红球，10个黑色的代表白球，装在一个袋子里，仍用上面的计分法，看其获胜规律。也可用10张红桃牌和10张黑桃牌，混合在一起，背面朝上，然后任意抽取一张。

在这个游戏中，只要摸五次，就可决定出胜负，摸的次数越多，摸者输的越厉害，这其中的道理是什么？下面做一简单说明。

在20个球中有10红10白，每次摸一个是红色的可能性是10/20，即1/2。要想"摸10次全是红球"的这件事出现，其可能性为 $(1/2)^{10} = \dfrac{1}{1024}$，这是一个很小的机会；反而出现"五红五白"的可能性是 $(1/2)^5 = \frac{1}{32}$，这与 $\frac{1}{1024}$ 相比就大得多了。这就可以看出摸球 10 次，其中出现"六红四白"、"五红五白"、"四红六白"的可能性远远多于"全红"或"全白"的情况。因此，这种赌博中，总是赌主获胜，赌客失利。

类似这种游戏很多，如两人掷一枚硬币，以"字"和"图"朝上论胜负，这里的"字"与"图"朝上的可能性各占 1/2。又如 8 名运动员抽签选跑道的问题中，抽到某一条跑道的可能性均占 1/8，先抽后抽是一样的。再如摇奖机中 10 个带号码的小球，每次跳出一个小球，无论数码是几，其可能性都是 1/10……

从这种有趣的游戏中，引出了近代数学的一个重要分支——概率论，上面所举的例子，就是其中的古典型概率，这个分支在生产和科研中有着极为广泛的应用。

概　率

概率又称或然率、机会率、几率等，属于数学概率论的基本概念，是表示一个事件发生的可能性大小的数，表示对随机事件发生的可能性的度量。

古典概率的基本特征

古典概率是指当随机事件中各种可能发生的结果及其出现的次数都可以由

演绎或外推法得知，而无需经过任何统计试验即可计算各种可能发生结果的概率。从定义出发，可知古典概率有如下基本特征：

(1) 可知性，可由演绎或外推法得知随机事件所有可能发生的结果及其发生的次数。

(2) 无需试验，即不必做统计试验即可计算各种可能发生结果的概率。

(3) 准确性，即按古典概率方法计算的概率是没有误差的。

生动有趣的数学故事

中外有许多脍炙人口的故事蕴含着丰富的数学知识，这些数学知识和故事以多种形式结合在一起，有深入浅出型，有隐讳含蓄型，有直奔主题型，还有抛砖引玉型，表现出了数学故事的独特魅力，读者一方面可以感受到文学美的熏陶，一方面又学到了数学知识，开拓了视野。此外，还可以培养起自己对数学的兴趣，真是一举多得。

数字入诗

一窝二窝三四窝，五窝六窝七八窝，
食尽皇家千钟粟，凤凰何少尔何多？

这是宋代政治家、文学家、思想家王安石写的一首《麻雀》诗。他眼看北宋王朝很多官员，饱食终日，贪污腐败，反对变法，故把他们比做麻雀而讽刺之。

"一去二三里，烟村四五家，亭台六七座，八九十枝花。"

这是宋朝理学家邵康写的一首诗。诗人在20个字的诗中，巧妙地运用了一至十这10个数词，给我们描绘了一幅朴实自然的风俗画。

归来一只复一只，
三四五六七八只。

凤凰何少鸟何多，

啄尽人间千万食。

这是宋朝文学家苏东坡给他的一幅画作《百鸟归巢图》题的一首诗。

这首诗既然是题"百鸟图"，全诗却不见"百"字的踪影，开始诗人好像是在漫不经心地数数，一只，两只，数到第八只，再也不耐烦了，便笔锋一转，借题发挥，发出了一番感慨，在当时的官场之中，廉洁奉公的"凤凰"为什么这样少，而贪污腐化的"害鸟"为什么这样多？他们巧取豪夺，把百姓的千担万担粮食据为己有，使得民不聊生。

你也许会问，画中到底是100只鸟还是8只鸟呢？不要急，请把诗中出现的数字写成一行：

1 1 2 3 4 5 6 7 8

然后，你动动脑筋，在这些数字之间加上适当的运算符号，就会有

1＋1＋3×4＋5×6＋7×8＝100。

100出来了！原来诗人巧妙地把100分成了2个1，3个4，5个6，7个8之和，含而不露地落实了《百鸟图》的"百"字。

一片二片三四片，五片六片七八片。

九片十片无数片，飞入梅中都不见。

这是明代林和靖写的一首雪梅诗，全诗用表示雪花片数的数量词写成。读后就好像身临雪境，飞下的雪片由少到多，飞入梅林，就难分是雪花还是梅花。

一蓑一橹一渔舟，一个渔翁一钓钩，

一俯一仰一场笑，一人独占一江秋。

这是清代大学士纪晓岚的十"一"诗。据说乾隆皇帝南巡时，一天在江上看见一条渔船荡桨而来，就叫纪晓岚以"渔"为题做诗一首，要求在诗中用上10个"一"字。纪晓岚很快吟出一首，写了景物，也写了情态，自然贴切，富有韵味，难怪乾隆连说："真是奇才！"

一进二三堂，床铺四五张，

烟灯六七盏，八九十支枪。

清末年间，鸦片盛行，官署上下，几乎无人不吸，大小衙门，几乎变成烟馆。有人写了这首打油诗以讽刺。

西汉时，尚未成名的司马相如告别妻子卓文君，离开成都去长安求取功名，时隔五年，不写家书，心有休妻之念。后来，他写了一封难为卓文君的信，送往成都。卓文君接到信后，拆开一看，只见写着"一二三四五六七八九十百千万万千百十九八七六五四三二一"。她立即回写了一首如诉如泣的抒情诗：

一别之后，二地相悬，只说是三四月，又谁知五六年，七弦琴无心抚弹，八行书无信可传，九连环从中折断，十里长亭我眼望穿，百思想，千系念，万般无奈叫丫环。万语千言把郎怨，百无聊赖，十依栏杆，九九重阳看孤雁，八月中秋月圆人不圆，七月半烧香点烛祭祖问苍天，六伏天人人摇扇我心寒，五月石榴如火偏遇阵阵冷雨浇花端，四月枇杷未黄我梳妆懒，三月桃花又被风吹散！郎呀郎，巴不得二一世你为女来我为男。

司马相如读后深受感动，亲自回四川把卓文君接到长安。从此，他一心做学问，终于成为一代文豪。

唐诗代表了我国诗作的最高成就，唐诗中的数字运用大有讲究，不仅使描写的景物丝丝入扣，而且在丰富作品的艺术形象和感染力方面发挥着极其重要的作用。

齐己做的《早梅》诗，其中有两句："前村深雪里，昨夜一枝开。"原"一"为"数"，将"数"改为"一"，这一字之改，实属精彩之笔，把个梅花不畏严寒，"万木冻欲折，孤根暖独回"的秉性，益发见于言外。杜牧的《江南春》有"千里莺啼绿映红"句。这"千里"两字颇得游刃骚雅之妙，并不一定是耳可闻，目可见之处，而是一种超越空间的想象，写出诗外之画，诗外之音。

唐诗中运用的数字，有的完全是写实，按照事物对象的实际，写出其确切的数量概念，尽得一个"真"字。杜甫的《恨别》诗中有"洛城一别四千里，胡骑长驱五六年"一句。这里写实的数字，真实地写出了事物的本义，富有史实的内涵。而有的诗中，数字却是夸张的，李白的"白发三千丈"、"飞流直下三千尺,疑是银河落九天",其中的数字并不是实际的长度、高度,而是极言其长、其高,烘托出特定的环境和气氛。又如岑参的《白雪歌送武判官归京》诗:"忽如一夜春风来,千树万树梨花开"。诗人用"千""万",写仿佛春风吹来,雪白的梨花竞相开放,衬托出一种漫天飞雪的壮观景象。总之,本来颇为单调、乏味的"数字",一经诗人的艺术加工,倾注感情,就变得有血有肉,给人以丰富的想象和不尽的韵味。

数量词

数量词即数量形容词,是表示数、量或程度的形容词。数量词包括不定数量词和数词。数词又分为基数词和序数词两类。基数词是表示数目的词,比如从1到10。序数词是表示顺序的词,比如从第一到第十。

数学诗歌

在我国古籍中,有很多以诗歌为载体,表达某些数学命题、法则或算题等数学论著。

吴敬所著的《九章算法笔类大全》中,记载有如下这样一首"数学诗"。

远望巍巍塔七层,红光点点倍加增。

共灯三百八十一,请问尖头几盏灯?

这是一道难度不大的数学算题。因为从一层到七层的灯"倍加增",所以,如果设第一层的灯数为"x",那么,二层至七层的灯数依次为一层的2倍、4倍、8倍、16倍、32倍、64倍,把一层至七层的灯的数量依次加起来,为

$127x$,并等于总灯数 381。于是就可以算出第一层的灯数为 3 盏。$3 \times 64 = 192$,即塔的尖头(第七层)为 192 盏灯。

还有一首出自清朝人徐子云的《算法大成》的数学诗,诗是这样的:

巍巍古寺在山林,不知寺内几多僧。

三百六十四只碗,看看周尽不差争。

三人共食一碗饭,四人共吃一碗羹。

请问先生明算者,算来寺内几多僧。

依题,可算出寺内有僧 624 人。

在国外,也有"数学诗"。如印度古代著名数学家拜斯卡拉用诗歌形式写成的"莲花问题":在波平如镜的湖面,高出半尺的地方长着一朵红莲。它孤零零地直立在那里,突然被风吹到一边水面。有一位渔人亲眼看见,它现在在离开原地点两尺之远。请你来解决一个问题:湖水在这里有多少深浅?"

依题意,可算出湖水有 $3\frac{3}{4}$ 尺。

数字入联

南阳诸葛武侯的祠堂里有一副对联:

取二川,排八阵,六出七擒,五丈原明灯四十九盏,一心只为酬三顾。

平西蜀,定南蛮,东和北拒,中军帐变卦土木金爻,水面偏能用火攻。

此副对联不仅概述了诸葛亮的丰功伟绩,而且用上了"一二三四五六七八九十"各个数字和"东南西北中金木水火土"10 个字,真是意义深远,结构奇巧。

(上联)花甲重开,外加三七岁月;

(下联)古稀双庆,内多一个春秋。

这副对联是由清代乾隆皇帝出的上联,暗指一位老人的年龄,要大学士纪晓岚对下联,联中也隐含这个数。

上联的算式:$2 \times 60 + 3 \times 7 = 141$,下联的算式:$2 \times 70 + 1 = 141$。

明代书画家徐文长，一天邀请几位朋友荡游西湖。结果一位朋友迟到，徐文长作一上联，罚他对出下联。

徐文长的上联是：

一叶孤舟，坐了二三个游客，启用四桨五帆，经过六滩七湾，历尽八颠九簸，可叹十分来迟。

迟到友人的下联是：

十年寒窗，进了九八家书院，抛却七情六欲，苦读五经四书，考了三番两次，今日一定要中。

有"吴中第一名胜"之称的江苏省苏州虎丘，有一个三笑亭，亭中有一副对联：

桥横虎溪，三教三源流，三人三笑语；

莲开僧舍，一花一世界，一叶一如来。

新中国成立前，有人作如下一副对联：

上联是：二三四五，下联是：六七八九，横批是：南北。

这副对联和横批，非常含蓄，含意深刻。上联缺"一"，一与衣谐音；下联缺"十"，十与食谐音。对联的意思是"缺衣少食"，横批的意思是"缺少东西"，也是内涵极其丰富的两则谜语。

我国小说家、诗人郁达夫，某年秋天到杭州，约了一位同学游九溪十八涧，在一茶庄要了一壶茶，四碟糕点，两碗藕粉，边吃边谈。

结账时，庄主说："一茶、四碟、二粉、五千文"。郁达夫笑着对庄主说，你在对"三竺、六桥、九溪、十八涧"的对子吗？

数学家华罗庚1953年随中国科学院出国考察。团长为钱三强，团员有大气物理学家赵九章教授等十余人。途中闲暇，为增添旅行乐趣，华罗庚便出上联"三强韩赵魏"求对。片刻，人皆摇头，无以对出，他只好自对下联"九章勾股弦"。此联全用"双联"修辞格。"三强"一指钱三强，二指战国时韩赵魏三大强国；"九章"，既指赵九章，又指我国古代数学名著《九章算术》。该书首次记载了我国数学家发现的勾股定理。全联数字相对，平仄相应，古今相连，总分结合。

对　联

对联又称楹联或对子,是写在纸、布上或刻在竹子、木头、柱子上的对偶语句,其言简意深,对仗工整,平仄协调,是一字一音的中文语言独特的艺术形式。

一副规范的对联有这样几个特点:一是上下联字数相等、结构相同。除有意空出某字的位置以达到某种效果外,上下联字数必须相同。二是对应位置词性相同。动词对动词,形容词对形容词,数量词对数量词,副词对副词,而且相对的词必须在相对的位置上。三是要平仄相合,音调和谐。按韵脚来分,上联韵脚应为仄声,下联韵脚应为平声,谓之"仄起平收"。四是节奏相应,就是上下联停顿的地方必须一致。

延伸阅读

延续400多年的数字对联

明朝嘉靖年间,江西吉水县的状元罗洪光与几位饱学之士同游九江。顺流而下,江风助行,眼看九江就要到了。这时。邻船一名船夫慕名来到罗洪光的船上,说有一个上联,请大人续对。

罗洪光根本没把船夫放在眼里,心想:凡夫俗子,能出什么妙联?上联无趣,我对之也无味。待船夫写出上联,罗洪光却傻了眼,迟迟无法下笔,同船的文人墨客你看我,我看你,也不知所措。那船夫的上联是:

一孤舟,二客商,三四五六水手,扯起七八叶风篷,下九江,还有十里。

上联不仅说出了实事,而且把从一到十的这10个数目字按顺序嵌进去,成了"绝对"。

从那以后，400年没人能对出来。直到1959年夏，一个偶然事件的启发，才被一个叫李戎翎的人对上。

原来，1959年6月，佛山寺一位老装修工托人到十里外找一段叫"九里香"的名贵木材，只两天便运到了。据说1943年也有人找这种木材，弄到手整整花了一年工夫，这一对比，使李戎翎想到那个"绝对"，于是他续出了下联：

十里远，九里香，八七六五号轮，虽走四三年旧道，只二日，胜似一年。

数学谜语

1. 一加一不是二。（打一字）

"一"字、加号"+"、再来一个"一"字，组合在一起，得到的字不是"二"，而是"王"。谜底是王。

2. 一减一不是零。（打一字）

"一"字、减号"−"、再来一个"一"字，组合在一起，得到的字不是"零"，而是"三"。谜底是三。

3. 八分之七。（打一成语）

"八分之七"用数学符号写出来，把数字7写在分数线上面，8写在分数线下面，谜底是成语"七上八下"。

在上面这些谜语里，用一些基本的数学知识，对谜语的文字作出新的理解，可以帮助猜出答案。

另外一类数学谜语，谜底是数学名词。还是来看几个例子。

4. 七六五四三二一。（打一数学名词）

平常报数目，是从小到大顺着数，就像流行歌曲里唱的，"一二三四五六七，我的朋友在哪里"。现在他说"七六五四三二一"，是从大到小，倒过来数了，所以谜底是"倒数"。

5. 讨价还价。（打一数学名词）

买东西讨价还价，要经过反复协商，才能达成双方都同意的钱数。这种协商钱数的过程，可以戏称为"商数"。谜底是商数。

6. 你盼着我，我盼着你。（打一数学名词）

"你盼着我"，是你在等候我；"我盼着你"，是我在等候你。两人互相等候，可谓"相等"。谜底是相等。

7. 成绩是多少？（打二数学名词）

学习成绩是用得分的数目计算的。问"多少"，可以换一个说法，改问"几何"？在中国古代数学书里，问一种物品有多少个，总是问"物有几何"？直到现在，有些地区的方言里，买东西问价钱，还是说"几何"？所以，问"成绩多少"，等于是问"分数，几何"？谜底是两个数学名词：分数、几何。

还有一类数学谜语，在谜面中出现数量关系，看下面几个例子：

8. 保留一半，放弃一半。（打一字）

把"保"字留下来一半，"放"字舍弃掉一半，剩下的两个一半拼在一起，能组成什么字呢？只能是"仿"字。谜底是仿。

9. 加一倍不少，加一横不好。（打一字）

不少就是多，多字的一半是夕字。一个夕字，加一倍，就是再来一个夕字，两个夕字堆起来，变成多字；一个夕字，加上一横，变成歹字，那就不好了。可见谜底是夕。在节日前夕猜谜，特别是除夕那天猜谜，猜到夕字，正合时宜。

10. 左边加一是一千，右边减一是一千。（打一字）

用还原的方法来猜这个字。从"千"字精简掉"一"字，剩下一撇一竖，是一个单人旁，组成这个字的左边；在"千"字的基础上增加"一"字，变成"壬"字，组成这个字的右边。所以要猜的字是"任"。

11. 看上十一口，看下二十口，猜出这个字，笑得难合口。（打一字）

"二十"简称为"廿"，手写时，通常只写一横带两短竖。

要猜的这个字，上面顺次是十、一、口；下面顺次是廿、口。连起来看，是一个"喜"字。猜出答案是喜，心里欢喜，面露笑容，嘴巴都合不拢了。

12. 十个加十个，还是十个；十个减十个，还是十个。（打一物）

10个第一种东西，加上10个第二种东西，变成第三种东西，数量还是10个。这是讲的戴手套：手有10个指头，手套也有10个指头，戴着手套的手还是10个指头。所以，戴手套的过程可以描写成"十个加十个，还是十个"。反过来，摘手套则可说成"十个减十个，还是十个"。要猜的这件物品是手套。

13. 一口能吞二泉三江四海五湖水，孤胆敢进十方百姓千家万户门。（打一物）

一件物品，有一个口，不管五湖四海三江二泉，哪里的水都能喝；有一个胆，四面八方千家万户老百姓的门都敢进。这是什么？是热水瓶。热水瓶有一个瓶胆，一个瓶口，家家用，户户有。这个谜语，原先是几位作者为一家热水瓶厂写的对联，上联用数字一二三四五，下联用数字个十百千万，描绘产品，但不点明，比明说更生动，更吸引人。

倒　数

倒数是指数学上设一个数 x 与其相乘的积为1的数，记为 $1/x$ 或 x。正数的倒数是正数，负数的倒数是负数，1的倒数是本身，0没有倒数。

猜数学谜语的常用方法

猜数学谜语常用以下几种方法：

会意法

通常是对谜面形象描述的理解，使谜底、谜面扣合。例如：

(1) 诊断以后。(打一数学名词)

谜底：开方。

(2) 两牛打架。(打一几何名词)

谜底：对顶角。

(3) 考试作弊。(打一数学名词)

谜底：假分数。

象形法

通过比喻、夸张、巧借将谜面刻画成简练的图画或象形扣合谜底。例如：

(1) 并肩前进。(打一数学名词)

谜底：平行。

(2) 擦去三角形的一边。(打一数学名词)

谜底：余角。

谐音法

这种方法的谜底是用谐音字代替，以扣合谜面含义。例如：

(1) 从严判刑。(打一数学名词)

谜底：加法。(谜面意即"加罚"，"罚"与"法"谐音)

(2) 剃头。(打一数学名词)

谜底：除法。("法"与"发"谐音)

拟人法

把谜语所指的数学知识人物化、性格化，从它比拟的形象上去领会谜底。例如：

弟弟千百万，在哥周围站，到哥等距离，围成保卫圈。(打一几何图形)

谜底：圆。

问答法

通过回答谜面的有关问题而猜出谜底。例如：

新产品为何不出售？(打一数学名词)

谜底：等价。(等待价格，取等价)

曹冲称象

曹冲称象的故事出自《三国志》，故事的大意是这样的：东汉末年（公元2世纪末3世纪初），封建军阀混战，曹操割据了北方，孙权割据了长江流域及南方，刘备割据了四川一带，开始了三国鼎立时期。

曹操有一个小儿子名叫曹冲，他不仅外表长得美，而且自小聪明异常，"五六岁，智意所及，有若成人"，所以曹操非常喜爱他。

有一年，孙权送给曹操一头大象，派人用船由水路运到京城。这件事轰动了全城，人们纷纷跑到河边去看象。曹操也非常高兴，连忙带了家属和满朝文武大臣赶到河边去看大象。因为象在当时的北方是十分珍贵的，它象征着吉祥、如意和富贵。

河边围着许多老百姓，送象来的人正在为大象洗澡。曹操到了，得意地坐在一旁观看，大臣们见曹操很高兴，纷纷上前为曹操歌功颂德。人们一边看，一边议论大象的重量，有的说："起码有500斤"，又有人说："哪止500斤，至少1000斤"。还有的说："1000斤恐怕不到，可八九百斤是足足有的。"曹操听了这些议论，很想知道大象的确切重量，站起来问："这象到底有多重？谁知道快说给我听"！文武大臣都摇摇头说不出大象到底有多重。曹操派人去问护送象的人，他们也说不知道，曹操又问："谁有办法称出这头大象的重量？"大臣们你看我，我看你，轻声议论，有的说："哪来这么大的秤"？因为当时没有像现在那样大的磅秤。有的说："快砍一棵大树，做一杆大秤。"有的说："就是做了大秤，谁又能提起来呢？"还有的干脆说："把大象杀了，割成一小块一小块来称。"曹操听了连连摇头，说这些都不是好办法。听曹操这么一说，大家都低下了头，一声不吭地站在一旁。这时，曹操身旁传来清脆的童音："禀告父王，孩儿有办法称出大象的重量。"曹操一看，原来是曹冲。他微微一怔，心想：我满朝文武大臣还没有办法，你这么个小孩子会有什么办法。他问曹冲："你真能称出此象的重量？"曹冲点点头说："能。"曹操知道曹冲聪

曹冲称象示意图

明，遇到问题肯动脑筋，现在看他说得肯定，态度认真，心想也许这孩子确有办法，且让他试试。就说："好，那你快去办吧。"这时，满朝文武大臣和赶来看大象的老百姓都注视着小小年纪的曹冲，看他怎样来称这头大象。

曹冲叫人把船里的东西都搬上岸，把大象牵到空船里，待水面平静后，在船侧刻下了水面位置的记号，然后让人把象牵上岸。曹冲接着叫人搬来一块块大石头放到空船里。当水面又到刻了记号的位置时，就叫停止。接着，他叫人把船中的石头一块块地称出重量，把数字告诉他，曹冲把这些数字全部加起来，告诉曹操这就是大象的重量。

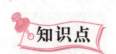

《三国志》

《三国志》是西晋陈寿编写的一部主要记载魏、蜀、吴三国鼎立时期的纪传体国别史，详细记载了从魏文帝黄初元年（220）到晋武帝太康元年（280）

60年的历史。《三国志》全书一共65卷，其中《魏书》30卷，《蜀书》15卷，《吴书》20卷。

延伸阅读

学者对曹冲称象的质疑

曹冲（196～208），字仓舒，东汉末年沛国谯（今安徽亳州）人，枭雄曹操之爱子。曹冲称象的故事在民间广为流传。然而先有清人何焯对此表示怀疑，后来，国学大师陈寅恪先生认为此事也不可能。曹冲英年早逝，死于建安十三年（208年），在此之前东吴仅有江东六郡，即今天的江苏、浙江、安徽部分地区。这里在汉代没有大象。直到建安十五年（210年）孙权派人去做交州刺史，才可能得到大象送给曹操。陈寅恪认为这是北魏时佛经《杂宝藏经》中的故事被后人附会到曹冲身上以显其智慧。《杂宝藏经》中载"天神又问：'此大白象有几斤？'而群臣共议，无能知者。亦募国内，复不能知。大臣问父，父言：'置象船上，著大池中，画水齐船，深浅几许，即以此船量石著中，水没齐画，则知斤两。'即以此智以答天神。"

韩信点兵

汉高祖刘邦曾问大将韩信："你看我能带多少兵？"韩信斜了刘邦一眼说："你顶多能带10万兵吧！"

汉高祖心中有三分不悦，心想：你竟敢小看我！"那你呢？"

韩信傲气十足地说："我呀，当然是多多益善啰！"

刘邦心中又添了三分不高兴，勉强说："将军如此大才，我很佩服。现在，我有一个小小的问题向将军请教，凭将军的大才，答起来一定不费吹灰之力的。"

韩信满不在乎地说:"可以可以。"刘邦狡黠地一笑,传令叫来一小队士兵隔墙站队。刘邦发令:"每三人站成一排。"队站好后,小队长进来报告:"最后一排只有两人"。

刘邦又传令:"每五人站成一排。"

小队长报告:"最后一排只有三人。"

刘邦再传令:"每七人站成一排。"

小队长报告:"最后一排只有两人。"

刘邦转脸问韩信:"敢问将军,这队士兵有多少人?"

韩信脱口而出:"二十三人。"

刘邦大惊,心中的不快已增至十分,心想:"此人本事太大,我得想法找个碴儿把他杀掉,免生后患。"一面则佯装笑脸夸了几句,并问:"你是怎样算的?"

韩信说:"臣幼得黄石公传授《孙子算经》,这孙子乃鬼谷子的弟子,算经中载有此题之算法,口诀是:

三人同行七十稀,

五树梅花廿一枝,

七子团圆正月半,

除百零五便得知。

刘邦出的这道题,可用现代语言这样表述:"一个正整数,被3除时余2,被5除时余3,被7除时余2,如果这数不超过100,求这个数。"

《孙子算经》中给出这类问题的解法:"三三数之剩二,则置一百四十;五五数之剩三,置六十三;七七数之剩二,置三十;并之得二百三十三,以二百一十减之,即得。凡三三数之剩一,则置七十;五五数之剩一,则置二十一;七七数之剩一,则置十五,一百六以上,以一百五减之,即得。"

用现代语言说明这个解法就是:

首先找出能被5与7整除而被3除余1的数70,被3与7整除而被5除余1的数21,被3与5整除而被7除余1的数15。

所求数被3除余2，则取数70×2＝140，140是被5与7整除而被3除余2的数。

所求数被5除余3，则取数21×3＝63，63是被3与7整除而被5除余3的数。

所求数被7除余2，则取数15×2＝30，30是被3与5整除而被7除余2的数。

又，140＋63＋30＝233，由于63与30都能被3整除，故233与140这两数被3除的余数相同，都是余2，同理233与63这两数被5除的余数相同，都是3，233与30被7除的余数相同，都是2。所以233是满足题目要求的一个数。

而3、5、7的最小公倍数是105，故233加减105的整数倍后被3、5、7除的余数不会变，从而所得的数都能满足题目的要求。由于所求仅是一小队士兵的人数，这意味着人数不超过100，所以用233减去105的2倍得23即是所求。

这个算法在我国有许多名称，如"韩信点兵""鬼谷算""隔墙算""剪管术""神奇妙算"等等，题目与解法都载于我国古代重要的数学著作《孙子算经》中。一般认为这是三国或晋时的著作，比刘邦生活的年代要晚近500年，算法口诀诗则载于明朝程大位的《算法统宗》，诗中数字隐含的口诀前面已经解释了。宋朝的数学家秦九韶把这个问题推广，并把解法称之为"大衍求一术"，这个解法传到西方后，被称为"孙子定理"或"中国剩余定理"。而韩信，则终于被刘邦的妻子吕后诛杀于未央宫。

《孙子算经》

《孙子算经》约成书于4～5世纪，作者与编写年代不详。较系统地叙述了算筹记数法和算筹的乘、除、开方以及分数等计算的步骤和法则。现在传本的《孙子算经》共分上、中、下三卷。

延伸阅读

华罗庚算"物不知数"

华罗庚是世界著名的数学家。他出生在江苏金坛,是金坛县中学第一届初中毕业生。

华罗庚在读中学时就显露了他的数学才华。

有一次数学老师王维克讲了一道历史难题:"今有物不知其数,三三数之剩二;五五数之剩三,七七数之剩二;问物几何?"

王老师说:"这是历史上的一道名题,出自古老的《孙子算经》。后来传到了国外,不知引发了多少数学家的兴趣,也不知绞尽了多少人的脑汁……"

这时课堂上寂静无声,同学们一个个紧张而困惑地思考着。

忽然,一个同学站起来回答:"23!"

大家的目光齐刷刷的集中在那个同学的身上。

他,就是一向不大惹人注意的华罗庚。

王老师十分惊讶,忙问:"你是怎么算出来的?"

华罗庚不慌不忙的讲出了自己的解法。

王老师听了连声称赞:"算得巧,算得巧啊!"

你知道华罗庚是怎样计算的吗?

华罗庚说:"我是这么想的:三个三个地数余二,七个七个地数也余二,那么,总数可能是三乘七加二,等于二十三。二十三用五去除余数又恰好是三,所以二十三就是这个题目所求的数。"

实际上,"物不知数"的问题就是韩信点兵问题,国外称为"中国剩余定理"。

狄青的花招

狄青，是北宋仁宗时期有名的大将，开始，他只是防守陕西保安（现志丹县）的一名士兵。当时，西夏多次打败宋军，后来，狄青主动要求担任先锋出战。他披头散发，带上一个狰狞的面具，带头冲入敌阵，把敌人打败。由于狄青屡立战功，被提升为将军。

后来，范仲俺召见了狄青，勉励他认真读书，从此狄青刻苦读书，精研兵法。以后打仗更有勇有谋，终因战功显赫被提升为掌管全国军事的枢密使。

这时，南方少数民族的领袖侬智高自立政权，进攻现广西一带地方，占领了大片土地，打了不少胜仗，北宋朝野震动。宋仁宗派狄青前往征讨，狄青为了克服兵将们畏敌情绪，想出了一个办法。

他立了一个神坛，当着全体将士的面向上苍祷告："如果这次上天保佑，一定能打胜仗，那么，我把手中的一百枚铜钱扔到坛前地上时，钱面（不铸文字的一面）一定全部朝上。"说完，在众目睽睽之下，他把100枚钱全部扔下，结果这100枚钱面竟全部朝上。于是全军欢呼，震天动地。狄青命左右取来100枚大钉把钱全部钉在地上，任士兵观看，并说："待破敌凯旋，再来感谢神灵。"

将士们都认定肯定有神灵护佑，所以在战斗中以一当百，奋勇无敌，果然连战皆捷，迅速平定了侬智高的叛乱。

为什么兵士们认为100枚钱面全部朝上就一定受到神灵护佑呢？

当我们扔下1枚钱时，钱面可能朝上，也可能朝下，有两种不同结果。而当扔2枚钱币时，钱币面朝上朝下就会有4种结果，而2枚都朝上只是其中一种，可以认为两枚都朝上有1/4的可能性，同样，扔3枚钱币时，钱面全部朝上有1/8的可能性；扔4枚钱币时，钱面全部朝上有1/16的可能性……扔100枚钱时，钱面全部朝上的可能性几乎已经等于0了。这就是说，要想使100枚钱币扔下去钱面全部朝上，这几乎是不可能的事。而这种可能性微乎其微的事竟然发生了，将士们自然认为是有神灵护佑啰。

这种可能性的计算实际上就是被称为"概率"的一门学科。在现代数学中，概率论是非常有用的，这门学科在现代生产、生活及军事等各个领域中都有广泛的应用。

现在我们再来看一看，狄青带着部队凯旋回来的情况吧。当狄青命令把100枚钉子拔起时，他的僚属们发现，原来，这些钱币都是狄青特制的，两面都只铸了正面！也就是说，100枚钱全部朝上是个必然事件。狄青只是利用了人们的思维定势，利用了人们敬畏鬼神的迷信心理，机智地采用偷梁换柱的手法，骗过了他的部下，鼓舞了士气，赢得了胜利。

概率论

概率论是研究大量同类随机现象的统计规律性的数学学科。随机现象是指在基本条件不变的情况下，一系列试验或观察会得到不同结果的现象。概率论产生于17世纪，来源于赌者的请求。苏联数学家柯尔莫哥洛夫1933年在《概率论基础》一书中第一次给出了概率的一套严密的公理体系。他的公理化方法成为现代概率论的基础，使概率论成为严谨的数学分支。

延伸阅读

狄青不追逃兵的故事

有一次，狄青领兵和西夏军队交战，宋兵大获全胜，乘胜追击。夏军败兵奔逃数里后，在一座山前突然聚集在一起不再奔逃了。将士们都想奋力冲击，狄青却立即鸣金收兵，命令全军不再追击，敌人得以逃脱，大家都后悔当时没有继续追击落败的敌人。狄青说:"不要后悔,亡命奔逃的敌人,突然停下来决心与我军对抗,前面必定遇到了险阻准备背水一战。反正我军已大获全胜,即使追杀了这些残兵败寇也不会增加战果,何必白白增加伤亡呢?万一这其中有别的阴谋,我们因贪图小利而没有及时收兵,中了敌人的圈套就悔恨不及了。"事后,副将们前去查看夏军败兵突然止步的那个地方,果然距离止步处不远的地方有一道不可逾越的深渊,如果当时宋兵追击下去,那些夏军背水一战,宋军的确要遭到很大伤亡。

丢番图的墓志铭

希腊数学自毕达哥拉斯学派以后,兴趣中心都在几何,他们认为只有经过几何论证的命题才是可靠的。为了逻辑的严密性,代数也披上了几何的外衣。所以一切代数问题,甚至简单的一次方程的求解,也都被纳入僵硬的几何模式之中。直到丢番图的出现,才把代数解放出来,摆脱了几何的羁绊。他是第一个引进符号入希腊数学的人。

丢番图是古希腊亚历山大王朝后期的重要学者和数学家,他是代数学的创始人之一,对算术理论有深入研究,他完全脱离了几何形式,在希腊数学中独树一帜。

例如,$(a+b)^2=a^2+2ab+b^2$ 的关系在欧几里得《几何原本》中是一条重要的几何定理,而在丢番图的著作《算术》中,只是简单代数运算法则的必然结果。

丢番图认为,代数方法比几何的演绎陈述更适宜于解决问题。解题过程中显示出高度的巧思和独创性,在希腊数学中独树一帜。

如果丢番图的著作不是用希腊文写的,人们就不会想到这是希腊人的成果,因为看不出有古典希腊数学的风格,从思想方法到整个科目结构都是全新的。

丢番图在数论和代数领域作出了杰出的贡献,开辟了广阔的研究道路。这是人类思想上一次不寻常的飞跃，不过这种飞跃在早期希腊数学中已出现萌芽。

丢番图的著作成为后来许多数学家，如费马、欧拉、高斯等进行数论研究的出发点。数论中两大部分均是以丢番图命名的，即丢番图方程理论和丢番图近似理论。

丢番图的一生可以说是与代数不可分的，就连他的墓志铭也别开生面，是一道代数题。其文如下：

坟中安葬着丢番图，多么令人惊讶，它忠实地记录了所经历的道路。

上帝给予的童年占六分之一，又过十二分之一，两颊长胡，再过七分之一，点燃起结婚的蜡烛。五年之后天赐贵子，可怜迟到的宁馨儿，享年仅及其父的一半，便进入冰冷的坟墓。

悲伤只有用数论的研究去弥补，又过四年，他也走完了人生的旅途。

幸亏有了这段奇特的墓志铭，后人才得以了解这位古希腊最后一位大数学家曾享年84岁，那么自然可以算出他何时结婚，何时得儿，何时儿子死亡。其年龄的算法是：设年龄为 x，那么有 $x/6+x/12+x/7+5+x/2+4=x$，解之得 $x=84$（岁）。

数　论

数论就是指研究整数性质的一门理论。整数的基本元素是素数，所以数论就是对素数进行研究的理论。数论是和平面几何学同样历史悠久的学科。高斯誉之为"数学中的皇冠"。费马大定理、孪生素数问题、歌德巴赫猜想、圆内整点问题、完全数问题都是数论中明星级问题。

按照研究方法的难易程度来看，数论大致上可以分为初等数论（古典数论）和高等数论（近代数论）。

延伸阅读

《算术》的数学"内涵"

《算术》成书于公元前250年前后，总共有13卷，可惜在10世纪时只剩下6卷，其余7卷遗失了。在15世纪这本书的希腊文手抄本在意大利的威尼斯被发现，于是广为人注意，以后又有法国数学家巴歇的希腊—拉丁文对照本，以后还有英、德、俄等国的译本。

该书除了第一卷外，其余的问题几乎都是考虑未知数比方程数还多的问题，我们把这种问题叫不定方程。以后人们为了纪念丢番图把这类方程叫丢番图方程。

丢番图在《算术》中，除了代数原理的叙述外，还列举了属于各次不定方程式的许多问题，并指出了求这些方程解的方法。

为了表示未知数及其幂、倒数、等式和减法，他使用了字母的缩写，用并列书写表示两个量的加法，量的系数则在量的符号之后用阿拉伯数字表示。

在两个数的和与差的乘法运算中采用了符号法则。他还引入了负数的概念，并认识到负数的平方等于正数等问题。

日神提出的难题

希腊爱琴海上有座岛屿叫第罗斯。关于这座岛，流传着一个悲惨的故事。

相传有一年，一场瘟疫平空降临到第罗斯岛上，短短几天的时间里，就夺去了岛上许多人的生命。幸存的人们吓得战战兢兢，纷纷躲进神庙，祈求日神的保佑。

日神没有理会人们的祈祷。一连许多天过去了，瘟疫仍在蔓延。岛上的居民愈发惊恐万分，他们不知道是什么事情触怒了神灵，于是日夜匍匐在神庙的祭坛前。后来，巫师传达了日神的旨意。神说："第罗斯人要想活命，就必须把庙中的祭坛加大一倍，并且不准改变祭坛原来的形状。"

神庙中的祭坛是立方体，第罗斯人赶紧量好尺寸，连夜动工，制作了一个新祭坛送往庙中。他们把祭坛的长、宽、高都加大了一倍，以为这样就满足了神的要求。

可是，瘟疫非但没有停止，反而更加疯狂地蔓延开来。幸存的第罗斯人再次匍匐在祭坛前，他们心中充满了疑惑："我们已经把祭坛加大一倍，为什么灾难仍未结束呢？"巫师冷冷地回答说："不，你们没有满足日神的要求。你们把祭坛加大到了原来的 8 倍！"

不准改变立方体的形状，又只准加大一倍的体积，这真是一个令人头痛的问题。第罗斯人商量来，商量去，仍然解决不了这个问题，于是派人到首都雅典去，向当时最有学问的大学者柏拉图请教。

柏拉图也解决不了这个问题。他搪塞地说："神降下这场灾难，大概是不满意你们不敬重几何学吧。"

这当然是一个虚构的故事。不过，故事中提到的那个数学问题，却是一个举世闻名的几何作图难题，叫做立方倍积问题。

作出这个立方体的关键是什么呢？如果设原立方体的边长为 a，它的体积就是 a^3；设新立方体的边长为 x，它的体积就是 x^3。因为新立方体的体积必须是原立方体的 2 倍，所以有 $x^3 = 2a^3$，由此可得 $x = \sqrt[3]{2}a$，也就是说，新立方体的边长必须是原立方体边长的 $\sqrt[3]{2}$ 倍。

这样，要作出符合题意的立方体，关键就在于作出它的边长；而要作出新立方体的边长，关键又在于能不能作出一条像 a 的 $\sqrt[3]{2}$ 倍那样长的线段！

用一根标有刻度的直尺，要作出一条这样的线段是非常容易的。如果借助其他的工具，要作出一条这样的线段也不难。公元前 3 世纪时，有一位叫埃拉托斯芬的古希腊数学家，就曾凭借 3 个相等的矩形框架，在上面画上相应的对角线，顺利地解决了立方倍积问题。另外，古希腊的攸多克萨斯、希波克拉底，荷兰的惠更斯，英国的牛顿，都曾发明过一些巧妙的方法，圆满地解决过立方倍积问题。但是，如果限制用尺规作图法解决，这些天才的大师们却无一不束手无策，狼狈地败下阵来。

与三等分角问题一样，立方倍积问题也让数学家们苦苦思索了两千多年，直到19世纪才获得解决。

1837年，那位最先解决了三等分角问题的数学家闻脱兹尔，又最先从理论上给予证明，只使用直尺和圆规，想解决立方倍积问题也是根本不可能的。

闻脱兹尔的证明过程不够清晰简单，所以，有人不理会他"此路不通"的警告，继续尝试用尺规去作出一个符合题意的立方体。后来，德国数学家克莱因给出一个简单清晰而又无懈可击的证明。从那以后，数学家们就不再尝试用尺规作图法去解决立方倍积问题了。

尺规作图

尺规作图是指用没有刻度的直尺和圆规作图。尺规作图起源于古希腊的数学课题。尺规作图使用的直尺和圆规跟现实中的并非完全相同，有两个限制：(1) 直尺必须没有刻度，无限长，且只能使用直尺的固定一侧。只可以用它来将两个点连在一起，不可以在上画刻度。(2) 圆规可以开至无限宽，但上面亦不能有刻度。它只可以拉开成之前构造过的长度。

延伸阅读

尺规作图三大难题的解决

尺规作图三大难题其余的两个是三等分角问题和化圆为方问题。三等分角问题就是用尺规三等分一个任意角。化圆为方问题就是作一个正方形，使它的面积等于已知圆的面积。尺规作图三大难题在2400年前的古希腊已提出来了，但在欧几里得几何学的限制下，以上三个问题都没有得到解决。直至 1837 年，法国数学家闻脱兹尔才首先证明"三等分角"和"倍立方"利用尺规根本不能完成。化圆为方问题是在 1882 年德国数学家林德曼证明 π 是超越数后，也被证明为尺规作图不能完成的问题。

走进梦境里的数学家

莱蒙托夫是俄罗斯伟大的诗人。他爱好美术，曾画过一幅肖像，画的是他在梦里见到的一位数学家。

诗人不仅爱好画画，还喜欢数学。他身边经常带着数学书，有空就拿出来看，还喜欢和朋友们玩数学游戏。一天晚上，他又被一道有趣的数学题吸引住了，可想了许久还得不到答案，感到有点疲倦了。这时，房门突然被推开，走进一位学者打扮的人来。

"你好啊，莱蒙托夫！"

诗人揉了揉眼睛。多面熟啊，好像在哪儿见过。

"在干啥？又写诗吗？"那人拖过一张椅子，在桌旁坐了下来。

"做一道数学题。"莱蒙托夫回答。

"唷，和我是同行啰！"那人幽默地笑了笑，就跟莱蒙托夫一道研究起题目来。他一面画图，一面解释。

"这不解决了嘛！"那人放下了笔，两人相对大笑。

莱蒙托夫笑得真痛快。这一阵笑使他醒了过来，原来做了个梦。他深沉地回味着刚才的梦境，回想着那位面熟的数学家。他急忙取出了画纸，把这位梦中的数学家画了下来。这幅肖像至今还收藏在俄罗斯科学院的普希金馆里。

这位梦里的数学家到底是谁呢？人们说，从形象看，很像对数的创始人约翰·纳泊尔。

约翰·纳泊尔（1550～1617）早于莱蒙托夫 200 年左右，他是苏格兰数学

家。在他生活的年代，天文学的研究要碰到大量的烦琐的运算，花费了天文学家大量的精力和时间。因而，简化大数的乘、除、乘方和开方的运算，就成为当时迫切需要解决的问题。这就是约翰·纳泊尔发明对数的动机。

乘方、开方比乘法、除法麻烦，乘法、除法又比加法、减法麻烦。对数的发明，使乘方、开方三级运算可以转化为乘、除二级运算，乘、除二级运算转化为加、减一级运算，从而使较繁的计算转化为较简单的计算。法国著名数学家拉普拉斯说过："对数算法使得原来需要好几个月劳力才能完成的计算，缩短为很少的几天，它不仅可以避免冗长的计算与可能产生的误差，而且实际上使得天文学家的生命延长了好多倍。"

莱蒙托夫和纳泊尔不是同时代的人，他们不可能见过面。但是，由于对数产生的时代影响很深，加之莱蒙托夫完全有可能看过纳泊尔的著作，而且有可能在这些书中看到过纳泊尔的肖像。所以在研究数学题入了迷的时候，纳泊尔就闯进了莱蒙托夫的梦境里来了。

对　数

如果 a 的 n 次方等于 b（a 大于 0，且 a 不等于 1），那么数 n 叫做以 a 为底 b 的对数，其中，a 叫做"底数"，b 叫做"真数"，n 叫做"以 a 为底 b 的对数"。对数是乘方的逆运算。

▶ 延伸阅读

###

纳泊尔尺是一种能简化计算的工具，又叫"纳泊尔计算尺"，是苏格兰数学家纳泊尔发明的。它由10根木条组成，左边第一根木条上都刻有数码，右边第一根木条是固定的，其余的都可根据计算的需要进行拼合或调换位置。

纳泊尔尺可以用加法和乘法代替多位数的乘法，也可以用除数为一位数的除法和减法代替多位数除法，从而简化了计算。

纳泊尔尺的计算原理是"格子乘法"。例如，要计算934×314，先画出长宽各3格的方格，并画上斜线；在方格上方标上9，3，4，右方标上3，1，4；把上方的各个数字与右边各个数字分别相乘，乘得的结果填入格子里；最后，从右下角开始依次把三角形格中的各数字按斜线相加，必要时进位，便得到积293276。

别开生面的数学竞赛

一切系统的理论都是从解特殊问题产生，经过漫长的时间逐渐发展起来的。我国唐代数学家王孝通（公元630年左右）在解三次方程问题上，显示了他的天才。王孝通解题的高度技巧，使现代的数学家都大为惊奇，他是世界上最早提出三次方程解法的人。当时一般三次方程的代数解法还没有解决，直到16世纪，一般三次方程的求解问题才被意大利的学者解决。但是，一般三次方程解法的发明权属于谁？历史上曾发生了一场大的论战。

意大利波仑亚的费罗（1465～1526）解出了 $x^3+mx=n$ 型的三次方程。当时科学家之间互相竞争，大家都把发明的东西保密，以便作为向其他对手挑战的武器，直到1510年前后，他才把解法秘密传给他的学生菲俄。

塔塔利亚（1499～1557）是一个自学成才的大数学家。自幼丧父，家境非常贫困，连纸笔都买不起，他母亲在他父亲坟墓的石板上教他认字和算题。塔塔利亚以坚强的意志，下苦功夫去钻研数学，依靠自学，终于在数学上取得了很高的成就。

1530年，有一位数学教师向公众提出两个挑战性的题目，相当于解两个三次方程。

$x^3+3x^2=5$；

$x^3+6x^2+8x=1000$。

塔塔利亚公开宣称自己会解，但保守秘密，菲俄也宣称自己会解。但谁为强手，很难评判，于是双方决战，势在必行。菲俄先下战书，两人约定1535年2月22日在米兰的圣玛利亚教堂前公开决战。双方约定各向对方提出30个有关三次方程的题目，限期50日解完。解题多者、快者，为胜利者。

双方都在准备着克敌制胜的法宝。塔塔利亚估计菲俄有从费罗得到的秘传，会难倒自己，于是他重新钻研，常常彻夜不眠，直到比赛前10天才研究出更好的解法。

三次方程的解法是当时数学的一个尖端，人们预料题目会很难，公开赛会延续数月，成为旷日持久的马拉松式的竞赛。但是，出人意料，竞赛开始后，菲俄出了30道三次方程问题，塔塔利亚仅用了两个小时便全部解出。而塔塔利亚出的30道题目，菲俄却一筹莫展，连一道题也没有解出，塔塔利亚大获全胜。

塔塔利亚没有陶醉于暂时的胜利，他进一步钻研，终于在1541年获得了一般三次方程的普遍解法，在代数史上写下了光辉的一页。他的秘诀在于把三次方程用换元法化为二次方程来解。

塔塔利亚发现了三次方程的求根公式后，顿时门庭若市，求教者络绎不绝，但他不向任何人传授解法。他准备写一本代数著作，流传后世。这时，意大利的一位医生卡尔丹死死缠住塔塔利亚，并发誓严守秘密，不传别人。这时塔塔利亚才用诗的形式把秘诀传给了卡尔丹。可是，卡尔丹把解法骗到手后，没有多久便违背了自己的诺言，在1545年他著的代数著作《大术》中将塔塔利亚的方法公布出来。后世因此把三次方程求根公式叫卡尔丹公式。卡尔丹这种背信行为使塔塔利亚大为震怒，一场论战随之而来，最后这场论战不了了之，以双方的谩骂而告终。事实上，数学上的每一项发现都是许多人共同研究的结晶，在前人成果的基础上而产生的。

三次方程求根公式被发现后，大大激励着数学家们向更高阶的四次方程或更高次方程解法进军。不久，卡尔丹的学生裴拉里又找到了四次方程的一般解法，而对五次方程以上的解法却毫无进展。直到19世纪中叶才由法国青年数学家伽罗瓦用"群论"的方法彻底解决，从此代数的研究方法发生了巨大的变革，由古典代数时期进入了近代代数时期。

群　论

在数学中，群论是研究群的代数结构的理论。群在抽象代数中具有基本的重要地位，许多代数结构，包括环、域和模等可以看做是在群的基础上添加新的运算和公理而形成的。群论是法国青年数学家伽罗瓦的发明。他用群论理论，解决了五次方程问题。

王孝通解方程

王孝通是用几何方法列出三次方程的，这是我国现存古算经中有关三次方程最早的记载。对于解三次方程，王孝通说："开立方除之。"这可能是《九章算术·少广》章开立方术的发展。王孝通的数学专著《缉古算经》对三次方程系数的称谓：实、方、廉、隅与数学家刘徽开立方术注文是相一致的。另外，对于解双二次方程，王孝通说："开方除之，所得、又开方"，也就是说归结为连续解两次二次方程，这种见解也是正确的。

欧拉智改羊圈

欧拉是数学史上著名的数学家,他在数论、几何学、天文数学、微分方程等好几个数学的分支领域中都取得了出色的成就。不过,这个大数学家在孩提时代却一点儿也不讨老师的喜欢,他是一个被学校除了名的小学生。

事情是因为星星而引起的。当时,小欧拉在一个教会学校里读书。有一次,他问老师,天上有多少颗星星。老师是个神学的信徒,他不知道天上究竟有多少颗星,圣经上也没有回答过。其实,天上的星星数不清,是无限的。我们的肉眼可见的星星也有几千颗。这个老师不懂装懂,回答欧拉说:"天有有多少颗星星,这无关紧要,只要知道天上的星星是上帝镶嵌上去的就够了。"

欧拉感到很奇怪:天那么大,那么高,地上没有扶梯,上帝是怎么把星星一颗一颗镶嵌到天幕上的呢?上帝亲自把它们一颗一颗地放在天幕,他为什么忘记了星星的数目呢?上帝会不会太粗心了呢?

他向老师提出了心中的疑问,老师又一次被问住了,涨红了脸,不知如何回答才好。老师的心中顿时升起一股怒气,这不仅是因为一个才上学的孩子向老师问出了这样的问题,使老师下不了台,更主要的是,老师把上帝看得高于一切。小欧拉居然责怪上帝为什么没有记住星星的数目,言外之意是对万能的上帝提出了怀疑。在老师的心目中,这可是个严重的问题。

在欧拉的年代,对上帝是绝对不能怀疑的,人们只能做思想的奴隶,绝对不允许自由思考。小欧拉没有与教会、与上帝"保持一致",老师就让他离开学校回家。

但是,在小欧拉心中,上帝神圣的光环消失了。他想,上帝是个窝囊废,他怎么连天上的星星也记不住?他又想,上帝是个独裁者,连提出问题都成了罪。他又想,上帝也许是个别人编造出来的家伙,根本就不存在。

回家后无事,他就帮助爸爸放羊,成了一个牧童。他一面放羊,一面读书。他读的书中，有不少数学书。

爸爸的羊群渐渐增多了，达到了100只。原来的羊圈有点小了，爸爸决定建造一个新的羊圈。他用尺量出了一块长方形的土地，长40米，宽15米，他一算，面积正好是600平方米，平均每一头羊占地6平方米。正打算动工的时候，他发现他的材料只够围100米的篱笆，不够用。

若要围成长40米，宽15米的羊圈，其周长将是：

$$15+15+40+40=110（米）$$

父亲感到很为难，若要按原计划建造，就要再添10米长的材料；要是缩小面积，每头羊的面积就会小于6平方米。

小欧拉却向父亲说，不用缩小羊圈，也不用担心每头羊的领地会小于原来的计划。他有办法。父亲不相信小欧拉会有办法，听了后没有理他。小欧拉急了，大声说，只有稍稍移动一下羊圈的桩子就行了。

父亲听了直摇头，心想："世界上哪有这样便宜的事情？"但是，小欧拉却坚持说，他一定能两全齐美。父亲终于同意让儿子试试看。

小欧拉见父亲同意了，站起身来，跑到准备动工的羊圈旁。他以一个木桩为中心，将原来的40米边长截短，缩短到25米。

父亲着急了，说："那怎么成呢？那怎么成呢？这个羊圈太小了，太小了。"

小欧拉也不回答，跑到另一条边上，将原来15米的边长延长，又增加了10米，变成了25米。经这样一改，原来计划中的羊圈变成了一个25米边长的正方形。然后，小欧拉很自信地对爸爸说："现在，篱笆也够了，面积也够了。"

父亲照着小欧拉设计的羊圈扎上了篱笆，100米长的篱笆真的够了，不多不少，全部用光。面积也足够了，而且还稍稍大了一些。

欧拉改造后的羊圈，面积为：

$$25 \times 25 = 625（平方米）$$

这样，每只羊所占的面积又大于6平方米了。父亲心里感到非常高兴。孩子比自己聪明，真会动脑筋，将来一定大有出息。

父亲感到，让这么聪明的孩子放羊实在是太可惜了。后来，他想办法让小欧拉认识了一个大数学家伯努利。通过这位数学家的推荐，1720年，小欧拉成了巴塞尔大学的大学生。这一年，小欧拉13岁，是这所大学最年轻的大学生。

微分方程

微分方程是常微分方程和偏微分方程的总称，指含有自变量、自变量的未知函数及其导数的等式。微分方程论是数学的重要分支之一。大致和微积分同时产生，并随实际需要而发展。常微分方程的形成与发展是和力学、天文学、物理学以及其他科学技术的发展密切相关的。数学的其他分支的新发展对常微分方程的发展也产生了深刻的影响。

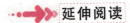

欧拉定理

在数学及许多分支中都可以见到很多以欧拉命名的常数、公式和定理。在数论中，欧拉定理（也称费马—欧拉定理或欧拉函数定理）是一个关于同余的性质。该定理被认为是数学世界中最美妙的定理之一。实际上，欧拉定理是费马小定理的推广。西方经济学中欧拉定理又称为产量分配净尽定理，指在完全竞争的条件下，假设长期中规模收益不变，则全部产品正好足够分配给各个要素。除了这个定理外，还有平面几何中的欧拉定理、多面体欧拉定理。

欧拉"走"七桥

沿着俄国和波兰的边界，有一条长长的布格河。这条河流经俄国的古城柯尼斯堡——它就是今天俄罗斯西北边界城市加里宁格勒。

布格河横贯柯尼斯堡城区，它有两条支流，一条称新河，另一条叫旧河，两河在城中心会合后，成为一条主流，叫做大河。在新旧两河与大河之间，夹着一块岛形地带，这里是城市的繁华地区。全城分为北、东、南、岛四个区，各区之间共有七座桥梁联系着。

人们长期生活在河畔、岛上，来往于七桥之间。有人提出这样一个问题：能不能一次走遍所有的七座桥，而每座桥只准经过一次？问题提出后，很多人对此很感兴趣，纷纷进行试验，但在相当长的时间里，始终未能解决。最后，人们只好把这个问题向俄国科学院院士欧拉提出，请他帮助解决。

公元 1737 年，欧拉接到了"七桥问题"，当时他 30 岁。他心里想：先试试看吧。他从中间的岛区出发，经过一号桥到达北区，又从二号桥回到岛区，过四号桥进入东区，再经五号桥到达南区，然后过六号桥回到岛区。现在，只剩下三号和七号两座桥没有通过了。显然，从岛区要过三号桥，只有先过一号、二号或四号桥，但这三座桥都走过了。这种走法宣告失败。

欧拉连试了好几种走法都不行，这个问题可真不简单！他算了一下，走法很多，共有：

$$7×6×5×4×3×2×1=5040（种）$$

这样一种方法一种方法试下去，要试到哪一天，才能得出答案呢？他想：不能这样呆笨地试下去，得想别的方法。

聪明的欧拉终于想出一个巧妙的办法。他用 A 代表岛区、B、C、D 分别代表北、东、西三区，并用曲线弧或直线段表示七座桥，这样一来，七座桥的问题，就转变为数学分支"图论"中的一个一笔画问题，即能不能一笔不重复地画出上面的这个图形。

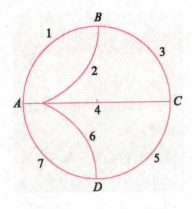

欧拉集中精力研究了这个图形，发现中间每经过一点，总有画到那一点的一条线和从那一点画出来的一条线。这就是说，除起点和终点以外，经过中间各点的线必然是偶数。像左面这个图，因为是一个封闭的曲线，因此，经过所有点的线都必须是偶数才行。而这个图中，经过 A 点的线有 5 条，经过 B、C、D 三点的线都是 3 条，没有一个是偶数，从而说明，无论从哪一点出发，最后总有一条线没有画到，也就是有一座桥没有走到。欧拉终于证明了，要想一次不重复地走完七座桥，那是不可能的。

天才的欧拉只用了一步证明，就概括了 5040 种不同的走法，从这里我们可以看到，数学的威力多么大呀！

图　论

图论是数学的一个分支，以图为研究对象。图论中的图是由若干给定的点及连接两点的线所构成的图形，这种图形通常用来描述某些事物之间的某种特定关系，用点代表事物，用连接两点的线表示相应两个事物间具有这种关系。柯尼斯堡七桥问题是图论的起源。

才思敏捷的欧拉

欧拉有异于常人的地方，他可以在常人无法工作的情况下安心工作，他写作最难的数学作品时也有他人无法比拟的轻松感。他才思敏捷,常常在两次叫他吃晚饭的半小时左右的时间里赶出一篇数学论文。文章一写完,就放到给印刷者准备的不断增高的稿件上。当科学院要稿件时,印刷者便从这堆稿件堆上拿走一沓。这样一来,这些文章的发表日期就常常与写作顺序颠倒。由于欧拉习惯于为了扩展他已经做过的东西而对一个课题反复演算多次,因此这样的情形经常出现,以至有时关于某一课题的一系列文章发表顺序完全相反。

破解哥德巴赫猜想

200多年前德国数学家,彼得堡科学院院士哥德巴赫(1690～1764),曾以大量的整数做试验,结果使他发现:任何一个整数,总可以分解为不超过三个素数之和。但是,他不能给出严格的数学证明,甚至连证明该问题的思路也找不到。因此,1742年6月7日,他把这个猜想写信告诉了与他有15年交情、当时在数学界已享盛誉的朋友欧拉。信中说:"我想冒险发表下列假定:大于5的任何整数,是三个素数之和。"欧拉经过分析和研究,在回信中说:"我认为每一个大于或等于6的偶数都可以表示为两个奇素数之和"。欧拉又进一步将这个猜想归纳为以下两点:

(1) 任何大于等于6的偶数都可以表示为两个奇素数之和。

(2) 每个不小于9的奇数都可以表示为三个奇素数之和。

我们可以利用一些具体的数字进行验算,明显地看到欧拉上述两个猜想的正确性,如

$6=3+3$　　　　$18=11+7$

$8=3+5$　　　　$20=13+7$

$10=5+5$　　　　……

$12=5+7$　　　　$48=29+19$

$14=7+7$　　　　……

$$16=13+3 \qquad 100=97+3$$

以及

$$9=3+3+3$$
$$11=3+3+5$$
$$13=3+3+7$$
……
$$27=3+11+13$$
……
$$103=23+37+43$$

同时,欧拉的两个命题是有联系的,容易发现:第二个命题是第一个命题的直接推论,若第一命题正确,就能非常简单地推出命题二是正确的。

因为,假设命题一正确,我们设奇数 $A \geqslant 9$,则

$$A-3 \geqslant 6$$

而且 $A-3$ 是偶数。

由命题一可知,必有两个奇素数 n_1、n_2,使得

$$A-3=n_1+n_2$$

所以 $A=3+n_1+n_2$。

因此,命题二是正确的。

由此可见,命题一的正确性被证明了,"哥德巴赫猜想"也就彻底解决了。

后来,人们就把命题一简单地表示为(1+1),并且称为"哥德巴赫—欧拉猜想"。

恩格斯说:"数是我们所知道的最纯粹的量的规定,但是它充满了质的差异。"差异即矛盾,而矛盾又贯穿于每一事物发展过程的始终。研究整数内部矛盾的特殊性及其相互联系,并非是一种无聊的游戏,而是发现整数之间的联系与规律的一个重要方面。哥德巴赫问题就是把素数与加法运算联系在一起。这样猜想表明,一个大于 2 的整数不仅可以等于几个素数的连乘积,如 $4=2 \cdot 2$,$6=2 \cdot 3$……而且还可以等于少数几个素数的和,如 $4=2+2$,$5=2+3$,$9=3+3+3$ 等。

哥德巴赫问题之所以引起人们极大的关注并激励着不少人为解决这一难题而奋斗一生,其原因就在于:若解决这样的问题就必须引进新的方法,研究新的规律,从而可能获得新的成果。这样就会丰富我们对于整数论以及整数论与其他数学分支之间相互关系的认识,推动整个数学学科向前发展。

1900年著名德国数学家希尔伯特在国际数学会的演讲中,把哥德巴赫猜想看成是以往遗留的最重要的问题之一。1921年英国数学家哈代在哥本哈根召开的数学会上说过,哥德巴赫猜想的困难程度可以和任何没有解决的数学问题相比。

200多年来,这个难题吸引了世界许多著名的数学家付出了艰苦的劳动。虽然这个问题至今还没解决,但是有很大的进展。19世纪数学家康托耐心地试验了从2到1000之内所有偶数命题都对;数学家奥倍利又试验了从1000到2000以内所有偶数命题也是对的,即他们二人连续验证了在2到2000这个范围内,任何大于或等于6的偶数都可以表示为两个奇素数之和。

德国数学家希尔伯特

在1911年梅利又指出从4到9000000之内绝大多数偶数都是两个奇素数之和(即他共验证了449986个偶数命题是正确的,只有14个偶数他没能验证出来)。后来更有人一直验算到了3.3亿之数,都表明哥德巴赫猜想是正确的。上述一些数学家们,虽然做了大量的工作,但都没有离开验算的轨道。

1923年两位英国数学家系尔德和立特伍德在解决哥德巴赫问题上得到新的进展,他们虽然没有解决这个难题,但是却使这个问题与高等数学中的解析因数论建立了联系。一方面为解决这个问题搭了第一座桥,使哥德巴赫问题解决的途径从验证阶段踏上了解析证明的新征程;另一方面在两个不同的学科间发现了微妙的联系,从而会引申出许多新的发现,为莫定新的理论诞生打下基础。

直到 1930 年,这个难题才有了决定性的转折,苏联青年数学家史尼尔勒曼(1905～1938)采用筛法和数列密度法证明了"任一大于等于 9 的自然数,一定可表示为不超过 $S \leqslant 3$ 个奇数之和"。这个结果与哥德巴赫猜想相比,似乎很远,然而,正是这个定理为证明哥德巴赫问题找到了新的方法。史尼尔勒曼感到要从哥德巴赫问题的原来形式去证明是徒劳的,于是提出一个孪生的问题,在形式上变化了,复杂了,但在实质上却简单多了。因为,一个能表示成几百个素数之和的数,未必能表示成三个或两个素数的和。可是一个数若能表示成一百个素数的和的问题得证,就能使一个数表示成三个或两个素数之和的问题的证明变得容易了。在数学上为了证明某个命题,常常需要把它变化一下形式,即变成它的等价命题或者是放低要求的命题。新命题证完,原命题立即得证或者容易证。

史尼尔勒曼提出:是否存在一个完全确定的,但又是尚未知道的整数,使任何自然数都可表示成不超过 C 个素数和的形式?换言之,不论 N 是怎样的自然数,总可以将它写成

$$N = P_1 + P_2 + P_2 + \cdots + P_n$$

的形式。其中 P_i($i=1,2,\cdots,n$)均是素数,而 n 一定是小于 C(至多等于 C)的整数。若能证明 $C=2$,那么,哥德巴赫问题就得到证明了。史尼尔勒曼开拓了这条新路,找到了解决老问题的新方法,受到了人们的称赞,并把 C 称为史尼尔勒曼常数。后来又有不少数学家把 C 这个数降到 67,也就是不论怎样大的偶数,都可以表示为至多是 67 个素数之和的形式。虽然这个问题离哥德巴赫问题的解决相距遥远,但是,不论一个偶数是怎样之大,都可将它表示成为若干个素数之和的问题已被证明是正确的。

我国对这个问题的研究也有很长的历史,并且也取得了不少研究成果,作出了很大贡献,其中数青年数学家陈景润的贡献最大。

这位 1953 年厦门大学毕业的我国青年数学家经过 20 年的刻苦钻研,在研究哥德巴赫猜想问题上,有着惊人的毅力和顽强的精神。1965 年苏联数学家

维诺格拉道夫、布赫斯塔勃和朋比利又证明了：偶数＝（1＋3）。这个结果在当时已经是很了不起的成就了，然而，陈景润还是不畏劳苦地攀登着。由于他精心地分析和科学地推算，不断地改进"筛法"，大大地推进了哥德巴赫猜想问题的研究成果，取得了

数学家陈景润

世界上领先的地位。1973年他终于证明：每一个充分大的偶数，都可以表示成一个素数及一个不超过两个素数乘积的和，即可以表示成：偶数＝（1＋2）

数学家华罗庚

的形式。若把两个素数乘积变成一个素数，则可以表示成：偶数＝（1＋1）的形式。

陈景润的成就在国内外引起了高度的重视。我国数学家华罗庚和闵嗣鹤都曾高度评价他的研究成果。英国数学家哈伯斯坦和西德数学家黎希特合著的《筛法》一书，原有10章，付印后又见到陈景润的（1＋2）的成果，感到这一成就意义重大，特为之添写了第十一章，标题叫做"陈氏定理"。

哥德巴赫猜想离彻底解决仅一步之差了，但是，这即将登上顶峰的最后一步，也是极端困难的一步，但我们相信，登上顶峰、走完这艰苦一步

的一天，早晚都会到来。

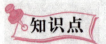

奇素数

先解释素数，素数是指因数只有1和它本身的正整数。奇数是不能被2整除的数。这样综合起来，奇素数就是指不能被2整除而且因数只有1和它本身的正整数。因此可以说，除了2以外，所有的素数（质数）都是奇素数。

延伸阅读

王元和潘承洞在哥德巴赫猜想中的成果

我国著名数学家华罗庚教授早在20世纪30年代就开始了哥德巴赫猜想的研究工作，并取得了一定的研究成果。新中国成立后在华罗庚、闻嗣鹤两位教授的指导下，我国一些年轻的数学家不断地改进筛法，对哥德巴赫猜想的研究，取得了一个又一个可喜的研究成果，轰动了国内外的数学界。

1958年我国数学家王元证明了

偶数＝（2＋3）

1962年我国数学家潘承洞又取得：偶数＝（1＋5）的可喜成果。

同年，王元和潘承洞又证明了

偶数＝（1＋4）

爱迪生巧算灯泡

爱迪生（1847~1931），是世界著名的学者和发明家。他出生于美国俄亥俄州的小镇——米兰。童年时代的爱迪生就是个非常好奇的孩子。他的小脑袋里总是装着一连串奇奇怪怪的问题。他喜欢读书和做实验。他一生中的大部分时间都在实验室中度过。仅在1869~1910年这41年中，爱迪生就取得电灯、留声机、有声电影等1328种发明专利，平均每11天有一种发明问世，为人类文明作出了杰出的贡献，因此，爱迪生被人们称为"发明大王"。

这里，我们要讲的是爱迪生发明灯泡时的一个小故事。

1878年的一天，爱迪生像往常一样，埋头在实验室里工作，他把一个没旋上口的梨子形玻璃灯泡递给助手，说："请计算一下这只灯泡的容积"。

这位年轻的助手名叫阿普顿，不久前才到爱迪生的实验室来工作。他想：自己是名牌大学数学系的毕业生，计算一个小小灯泡的容积大概不会有什么困难。于是，二话没说就接过了灯泡。可他开始计算时，却傻了眼：这灯泡算什么图形呢？球形？显然不对！圆柱形？更不是了！……阿普顿搔了搔后脑勺，拿出软尺在灯泡的里里外外、上

发明家爱迪生

上下下地量了起来，又是表面积，又是周长……他一边量，一边拿出笔来，把测得的数字记在本子上，然后，详细地画了图样，又列了一道道算式，这才伏在桌上计算起来……

半个多小时过去了，阿普顿算得满头大汗，那些数据却越算越多，越算越复杂，这是怎么回事呢？真让人着急。"唉，没想到这个小灯泡还真不容易算出容积来呢！"阿普顿一边想，一边皱着眉头飞快地算着。

一个多小时过去了，爱迪生完成了手头的试验，他走到阿普顿身旁，关切地问："怎么样，算出来了吗？"

"还没呢，您瞧，只算出了一半。"阿普顿一面擦着额头上的汗，一面递过草稿。

爱迪生接过草稿低头一看：嚯，可真了不得，几大张草稿上密密麻麻地写满了数字、符号和一道道算式。他忍不住笑了，拍拍阿普顿的肩膀，说："你能不能想个简单的方法来计算呢？"

阿普顿红着脸说："嗯，让我再试试吧。"他把原来的几张草稿推到一边，整理了一下思路，又埋头思考起来。他绞尽脑汁地想呀想呀，可满脑子的公式怎么也赶不跑。是呀，离开这些公式，可怎么计算出灯泡的容积呢？一向自负的阿普顿这回可真是一筹莫展了。

又过了一会儿，爱迪生默默地走过来，他笑眯眯地打量了阿普顿一眼，自己拿起那只梨子形玻璃灯泡，略一思索，便端过盛水的杯子，往灯泡里注满水，说："你看，把这灯泡里的水倒进量杯里，再量出水的体积，不就是这个灯泡的容积了吗？"

阿普顿恍然大悟。哎呀，这么简单的办法自己怎么就没想到呢？爱迪生用了不到一分钟就解决了的问题，自己却花了一两个小时还没有解答出来，他感到非常羞愧。

 **知识点**

量　杯

量杯是一个细长的玻璃筒，瓶体多为梨形，便于摇荡液体和洗刷；瓶颈细长，使液面缩小，可使计量准确；瓶颈部刻有一条环状标线，以计量其标称容量；筒的上口制有倾出嘴，便于倾出液体。

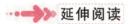 **延伸阅读**

爱迪生的第一次实验

爱迪生是举世闻名的发明家，被誉为"世界发明大王"。他除了在留声机、电灯、电报、电影等方面的发明和贡献以外，在矿业、建筑业、化工等领域也有不少著名的创造和真知灼见，为人类的文明和进步作出了巨大的贡献。可谁知道，这位世界发明大王第一次的实验却差一点儿酿成大祸。事情的原委是这样的：年纪尚小的爱迪生一次看到铁匠将铁在熊熊的烈火中烧红，然后锤打成各式各样的工具时，就晃着大脑袋提出一个又一个问题：火是什么东西？火为什么会燃烧？火为什么是红的？火为什么这么热？铁在火中被烧之后为什么会发红？铁红了为什么就软了？在没有得到满意的答案后，小爱迪生回到家，在自家的木棚里开始了他第一次的实验。他抱来干草，并将其点燃，他想弄明白火究竟是什么。火很快引发了一场火灾，将家中的木棚烧掉了，幸亏扑救及时，才没有酿成更大的灾难。

总共有多少兔子

有个人想知道,一年之内一对兔子能繁殖多少对?于是就筑了一道围墙把一对兔子关在里面。已知一对兔子每个月可以生一对小兔,而一对兔子出生后在第二个月就开始生小兔子。假如一年内没有发生死亡现象,那么,一对兔子一年内能繁殖成多少对?

现在我们先来找出兔子的繁殖规律,在第一个月,有一对成年兔子,第二个月它们生下一对小兔,因此有两对兔子,一对成年,一对未成年;到第三个月,第一对兔子生下一对小兔,第二对已成年,因此有三对兔子,两对成年,一对未成年。月月如此。

第1个月到第6个月兔子的对数是:

1,2,3,5,8,13。

我们不难发现,上面这组数有这样一个规律:即从第3个数起,每一个数都是前面两个数的和。若继续按这规律写下去,一直写到第12个数,就得:

1,2,3,5,8,13,21,34,55,89,144,233。

显然,第12个数就是一年内兔子的总对数。所以一年内1对兔子能繁殖成233对。

在解决这个有趣的代数问题过程中,斐波那契得到了一个数列。人们为纪念他这一发现,在这个数列前面增加一项"1"后得到数列:

1,1,2,3,5,8,13,21,34,55,89,…

这个数列叫做"斐波那契数列",这个数列的任意一项都叫做"斐波那契数"。

这个数列可以由下面递推关系来确定:

$$\begin{cases} a_1 = a_2 = 1 \\ a_{n+2} = a_n + a_{n+1} \quad (n \geqslant 3) \end{cases}$$

另外,我们还可以利用等比数列的性质,推导出斐波那契数列的一个外观比较漂亮的通项公式：

$$a_n = \frac{1}{\sqrt{5}}\left[\left(\frac{1+\sqrt{5}}{2}\right)^n - \left(\frac{1-\sqrt{5}}{2}\right)^n\right]$$

在美国《科学美国人》杂志上曾刊登过一则有趣的故事：世界著名的魔术家兰迪先生有一块长和宽都是13分米的地毯，他想把它改成8分米宽、21分米长的地毯。他拿着这块地毯去找地毯匠奥马尔，并对他说："我的朋友，我想请您把这块地毯分成四块，然后再把它们缝在一起，成为一块8分米×21分米的地毯。"奥马尔听了以后说道："很遗憾，兰迪先生。您是一位伟大的魔术家，但您的算术怎么这样差呢！13×13＝169，而8×21＝168，这怎么办得到呢？"兰迪说："亲爱的奥马尔，伟大的兰迪是从来不会错的，请您把这块地毯裁成这样的四块。"

然而奥马尔照他所说的裁成四块后。兰迪先生便把这四块重新摆好，再让奥马尔把它们缝在一起，这样就得到了一块8分米×21分米的地毯。

奥马尔始终想不通："这怎么可能呢？地毯面积由169平方分米缩小到168平方分米，那一平方米到哪里去了呢？"

将四个小块拼成长方形时，在对角线中段附近发生了微小的重叠。正是沿着对角线的这点叠合，而导致了丢失一个单位的面积。

涉及四个长度数5，8，13，21都是斐波那契数，并且$13^2=8\times21+1$，$8^2=5\times13-1$。多做几次上述的试验，就可以发现斐波那契数列的一个有趣而重要的性质：

$$a_n^2 = a_{n-1} \cdot a_{n+1} \pm 1 \ (n \geqslant 2)$$

斐波那契数列在实际生活中有非常广泛而有趣的应用。除了动物繁殖外，植物的生长也与斐波那契数有关。数学家泽林斯基在一次国际性的数学会议上提出树生长的问题：如果一棵树苗在一年以后长出一条新枝，然后休息一年。再在下一年又长出一条新枝，并且每一条树枝都按照这个规律长出新枝。那么，第1年它只有主干，第2年有两枝，第3年就有3枝，然后是5枝、8枝、13枝等等，每年的分枝数正好是斐波那契数。

生物学中所谓的"鲁德维格定律"，也就是斐波那契数列在植物学中的应用。

从古希腊直到现在都认为在造型艺术中有美学价值，在现代优选法中有重要应用的"黄金率"，实际和斐波那契数列密切相关。

现在广泛应用的优选法，也和斐波那契数有着密切联系。

数 列

数列是指按一定次序排列的一列数。数列中的每一个数都叫做这个数列的项。排在第一位的数称为这个数列的第 1 项（通常也叫做首项），以此类推，排在第 n 位的数称为这个数列的第 n 项。数列有多个种类，常见的有等差数列、等比数列、等和数列等。

自然界中的斐波那契数列

自然界中有许多与斐波那契数列"巧合"的地方，例如，由于新生的枝条，往往需要一段"休息"时间，供自身生长，而后才能萌发新枝。所以，一株树苗在一段间隔，例如一年，以后长出一条新枝；第二年新枝"休息"，老枝依旧萌发，此后，老枝与"休息"过一年的枝同时萌发，当年生的新枝则次年"休息"。这样，一株树木各个年份的枝杈数，便构成斐波那契数列。这个规律，就是生物学上著名的"鲁德维格定律"。另外，延龄草、野玫瑰、南美血根草、大波斯菊、金凤花、耧斗菜、百合花、蝴蝶花的花瓣，它们花瓣数目具有斐波那契数：3，5，8，13，21，…

"天然居"算式

北京有一家餐馆，店号"天然居"，里面有一副著名对联：

客上天然居，

居然天上客。

顾客进了天然居餐馆，看见这副对联，说自己居然如同天上的客人，虽然还没有进餐，就已经觉得是一种享受。

这副对联，不但意境好，文字更显得精巧。把上联"客上天然居"倒过来读，刚好变成下联"居然天上客"。如果把整个一副对联倒过来读，结果还是原联不变。

这种既能正读、又能倒读的文字，叫做回文。用回文写成的对联，叫做回文对联，又叫"卷帘联"，就像现在居家的百页窗帘一样，既能从上往下顺放，又能从下往上倒卷。

据说清代的乾隆皇帝把天然居这副回文对联两句并成一句，作为新的上联：

客上天然居，居然天上客。

出对容易对对难，对出回文对联更难。以一副回文对联为上联，要能对出下联，可谓难上加难。倒要看看，有谁能对出下联来呢？

消息传到大臣纪晓岚的耳中，他是个十分有才学的人，他把下联对出来了：

人过大佛寺，寺佛大过人。

果真如此，人们走过大佛寺，都会议论说，那寺庙里的佛像，大得超过了真的人呢！

与回文对联有关的数学题，自然也很有趣。下面是用回文对联编成的一道算式谜：

客上天然居×4＝居然天上客

在上面的乘法算式里，每个汉字代表一个数字，不同的汉字代表不同的数字。把这道算式还原出来，是什么样子呢？

这道题只有唯一的答案：

$21978 \times 4 = 87912$。

这个答案是怎么弄出来的呢？

猜出来？凑出来？都不是。情形太多，猜不出，凑不来。只有靠用数学知识把它算出来。其实用到的知识不多，计算也很简单。

因为乘数4是偶数，所以乘积的末位数字"客"是偶数。

"客"又是被乘数的首位数字，五位的被乘数乘以4，还得到五位数，可见首位数字"客"小于3，因而只能是

客＝2。

再从个位相乘，得到居＝8。

这样一来，做乘法时，千位没有向万位上进位，所以被乘数的千位数字"上"也小于3。它又不能和万位一样等于2，只能是0或1。

再考虑十位相乘。积的十位数字"上"等于一个偶数加上从个位进来的3，一定是奇数，因而得到

上＝1。

进而由此顺次推出

然＝7，天＝9。

这样就把五个数字全都求出来了。

算　式

在数学中，算式是指在进行数（或代数式）的计算时所列出的式子，包括数（或代替数的字母）和运算符号（四则运算、乘方、开方、阶乘、排列

组合等）两部分。按照计算方法的不同，一般可将算式分为横式和竖式两种。

延伸阅读

回文等式

在数学中，有一类等式类似文学中的回文，即把式中的数字，颠倒过来，而等式依然成立，这样的算式就称为回文等式。在洛书横三行中，每两个数组成一个两位数，三个数的和与它们的逆序数的和相等，即是回文等式。如：

49＋35＋81＝18＋53＋94（＝165）

92＋57＋16＝61＋75＋29（＝165）

把被中间一数隔开的两个数组成三个两位数，它们仍具备这种性质：

42＋37＋86＝68＋73＋24（＝165）

更为奇妙的是，将这个式的各个加数都平方，这种相等的性质仍不变。

$42^2+37^2+86^2=68^2+73^2+24^2$（＝10529）

教徒的陷阱

有一次，一艘船在海上遇到风暴，狂怒的巨浪击坏了船舱，船开始下沉，为了减轻船的重量，船上能丢掉的东西已全部抛入大海，船还是支持不住，继续向下沉，还是需要减轻重量，摆在25名乘客面前的选择只有两种：要么大家与船同归于尽；要么把一部分人抛入大海里，以减轻船的重量，船和剩下的人也许还可以得救。但是，这样就要把一半以上的人抛入大海，大家都同意后一种办法，可是谁也不愿自动跳入大海。乘客里有11个教徒，为首的一个教徒出了一个主意。他想了一下，就让大家坐成一圈，然后说："从我开始，按

'1、2、3……'报数,规定报'3'的倍数的人被抛入大海。"这人还振振有词地说:"这是上天的意旨,任何人不得抗拒,谁要反对就先将谁抛入大海。"报数的结果有 14 人被抛入大海,而剩下的 11 人就是那 11 个教徒。原来这是那个为首的教徒用诡计欺骗了被抛入大海的 14 个人,救了与他同一信仰的 10 名教徒。

他是怎样安排这 10 个教徒的位置,才使这些教徒不被抛入大海呢?请看下面的报数顺序图:

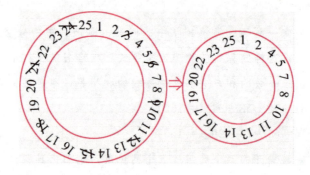

第一圈报数:(画去的表示被抛入大海了)

第二圈报数:(前面一圈最后一个被抛入大海的是"24"号,这一圈从"25"号开始报数)

最后一个抛入大海的是"25"号,由图中就可以看出,只要为首的教徒排在 1 号位置,而其余的 10 名教徒分别安排在 4、5、8、10、13、14、17、19、22 和 23 这 10 个位置上,就可以使他们一伙人不被抛入大海。

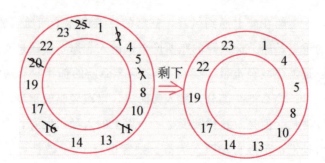

这个为首的教徒运用了数学的筛法救了这 11 个教徒。

这种把不需要的数一批一批地划去，最后剩下的一些数就是我们所需要的答案的方法，数学上叫做筛法。

筛法是一种很有用的数学方法，在研究数字中的许多问题时都用得着它。

例如，我们运用筛法可以编出一张 100 以内的质数表。第一个数 1，它既不是质数、也不是合数，把它除去；第二个数 2 是质数，把它留下，再把后面所有 2 的倍数 4，6，8，…，98，100 全部除去，2 后面第一个没有除去的数是 3，3 是质数，把它留下，再把后面所有 3 的倍数除去；3 后面第一个没除去的数是 5，5 是质数，把它留下，再把后面所有 5 的倍数除去……这样，我们就得到了一张 100 以内的质数表。

```
 2  3  4  5  6  7  8  9  10
       ×     ×     ×  ×

11 12 13 14 15 16 17 18 19 20
    ×     ×  ×  ×     ×     ×

21 22 23 24 25 26 27 28 29 30
 ×  ×     ×  ×  ×     ×     ×

31 32 33 34 35 36 37 38 39 40
    ×  ×  ×  ×  ×     ×  ×  ×

41 42 43 44 45 46 47 48 49 50
    ×     ×  ×  ×     ×     ×

51 52 53 54 55 56 57 58 59 60
 ×  ×     ×  ×  ×  ×  ×     ×

61 62 63 64 65 66 67 68 69 70
    ×  ×  ×  ×  ×     ×  ×  ×

71 72 73 74 75 76 77 78 79 80
    ×     ×  ×  ×  ×  ×     ×

81 82 83 84 85 86 87 88 89 90
 ×  ×     ×  ×  ×  ×  ×     ×
```

91 92 93 94 95 96 97 98 99 100
× × × × ×   × × ×

知识点

筛　法

筛法是求不超过自然数 N（$N>1$）的所有质数的一种方法。相传是古希腊的埃拉托斯特尼（前 27～前 194 年）发明的，因此，又称埃拉托斯尼筛法。具体做法是：先把 N 个自然数按次序排列起来。由于 1 不是质数，也不是合数，因此要除去。2 是质数保留，2 后面所有能被 2 整除的数都除去。3 留下，再把 3 后面所有能被 3 整除的数除去。3 后面第一个没除去的数是 5，再把 5 后面所有能被 5 整除的数都除去。这样一直做下去，就会把不超过 N 的全部合数都筛掉，留下的就是不超过 N 的全部质数。

延伸阅读

筛法得名的由来

筛法得名有两个解释：

（1）第一个说法：因为希腊人是把数写在涂蜡的板上，每要划去一个数，就在上面记以小点，寻求质数的工作完成后，这许多小点就像一个筛子，所以就把埃拉托斯特尼的方法叫做"埃拉托斯特尼筛法"，简称"筛法"。

（2）第二种说法：希腊人把数写在纸草上，每要划去一个数，就把这个数挖去，等寻求质数的工作完成后，这许多个小洞就像一面筛子，因此就把埃拉托斯特尼的方法叫做"埃拉托斯特尼筛法"，简称"筛法"。

一场关于乐谱的争论

从前,某城市市郊的一个女孩子集体宿舍里,曾发生了一场关于音乐方面的争论。其中一位女孩子有个惊人的主张:"全世界可能作成乐谱的总数是有限的。这个总数越小,音乐界的抄袭现象越多。这样,我们听到的乐曲就没有多少新颖的。"另一个女孩儿也有类似的说法:"音乐作品的基本旋律可以用指头在钢琴上弹出,只要用到三个八音阶(即三十六个音符)就够了。这三十六个音符在一个长 8 个音节,且每个音节有四个音符的一切可能的'排列'是有限的。这样就会大大地妨碍音乐创作的可能性。不久的将来,一切基本旋律都用尽了。"

照这两个女孩儿所说的,似乎可以创造一种机械,能生产出一切 8 个音节长的乐谱,这样,就不必再去发明创作新的乐谱了。

实际上,这种音乐创作的危机感是没有根据的。

让我们先计算:用 36 个音符创作 8 个音节长且每个音节有 4 个音符的乐谱的个数。也就是说,有 36 个不同的音符,每次用 $4\times 8=32$ 个音符(也可以是相同的音符)创作一个乐谱,问共能创作多少个乐谱。

为解决这个问题,我们把问题化得简单些:即有 3 个音符每次用 2 个创作一个"乐谱",看共有几个乐谱。显然,共有乐谱 $\boxed{a\ a}$、$\boxed{a\ b}$、$\boxed{a\ c}$、$\boxed{b\ a}$、$\boxed{b\ b}$、$\boxed{b\ c}$、$\boxed{c\ a}$、$\boxed{c\ b}$、$\boxed{c\ c}$。即有 3^2 个乐谱。

因此,上面的问题就是能创作 36^{32} 个乐谱。

如果求这个乘方的近似值,可以这样做:$36=9\times 4=3^2\times 2^2$

所以 $36^{32}=(9\times 4)^{32}=81^{16}\times 2^{64}$

$\approx 80^{16}\times 2^{64}=8^{16}\times 10^{16}\times 2^{64}$

$$= 2^{48} \times 2^{64} \times 10^{16} = 2^2 \times 2^{110} \times 10^{16}$$
$$= 4 \times (2^{10})^{11} \times 10^{16}$$

又∵ $2^{10} \approx 1000$ 即 10^3

∴ $36^{32} \approx 4 \times 10^{33} \times 10^{16} = 4 \times 10^{49} \approx 10^{50}$ 即一百兆兆兆兆兆兆兆兆（1兆等于 10^6）。

这么多的乐谱足够用很久很久。即使地球上所有的人（无一例外），都在创作8个音节长的乐谱，而且每秒每个人创作一个，那么在100万年内也只能创作 10^{23} 个乐谱。

由此可见，对创作新乐谱不可能的害怕是没有必要的。

音 符

音符是用来记录不同音长和音高的符号。音符包括三个组成部分：符头、符干和符尾。音符通常有以下划分：(1) 全音符：指没有符干和符尾的空心的白色音符。(2) 二分音符：指带有符干、没有符尾的白色音符。(3) 四分音符：指带有符干、没有符尾的黑色音符。(4) 八分音符：指带有符干和1条符尾的黑色音符。(5) 十六分音符：指带有符干和2条符尾的黑色音符。(6) 三十二分音符：指带有符干和3条符尾的黑色音符。(7) 六十四分音符：指带有符干和4条符尾的黑色音符。(8) 一百二十八分音符：指带有符干和5条符尾的黑色音符。

延伸阅读

毕达哥拉斯发现音阶

毕达哥拉斯是西方文明中缔造音阶的第一人。他认为音阶必须不多不少，正好拥有7个不同的音符。相传2500年前的一天,毕达哥拉斯偶然经过一家打铁店门口,被铁锤打铁的有节奏的悦耳声音所吸引。他感到很惊奇,于是走入店中观察研究。他发现4个铁锤的重量比恰为12∶9∶8∶6,将两两一组来敲打都发出和谐的声音,这几组分别是:12∶6=2∶1一组,12∶8=9∶6=3∶2一组,12∶9=8∶6=4∶3一组。

毕达哥拉斯进一步用单弦琴做实验加以验证。对于固定张力的弦,利用可自由滑动的琴码来调节弦的长度,一面弹,一面听。毕达哥拉斯经过反复的试验,终于初步发现了音乐的奥秘,归结出毕达哥拉斯的琴弦律:(1)当两个音的弦长成为简单整数比时,同时或连续弹奏,所发出的声音是和谐悦耳的。(2)两音弦长之比为4∶3、3∶2及2∶1时,是和谐的,并且音程分别为四度、五度及八度。也就是说,如果两根绷得一样紧的弦的长度之比是2∶1,同时或连续弹奏,就会发出相差八度的谐音,而如果两条弦的长度的比是3∶2时,就会发出另一种谐音,短弦发出的音比长弦发出的音高五度。